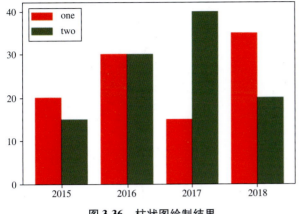

图 3-36 柱状图绘制结果　　　　　图 3-37 饼图绘制结果

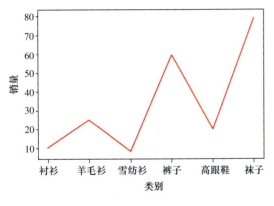

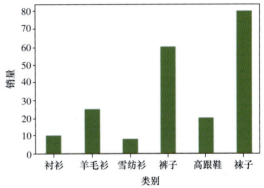

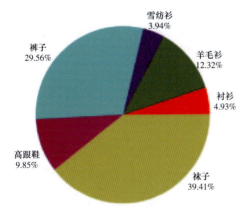

图 3-38 多个子图的绘制结果　　　　图 3-42 生成的聚类模型数据集

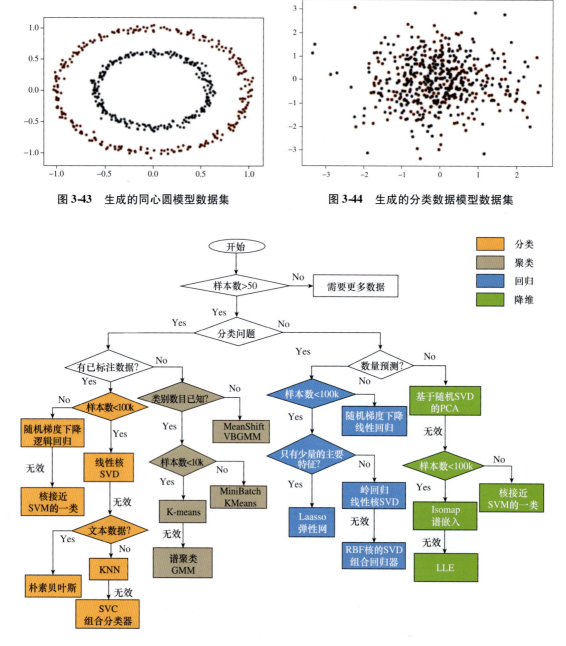

图 3-43 生成的同心圆模型数据集

图 3-44 生成的分类数据模型数据集

图 3-45 Sklearn 算法选择路径图

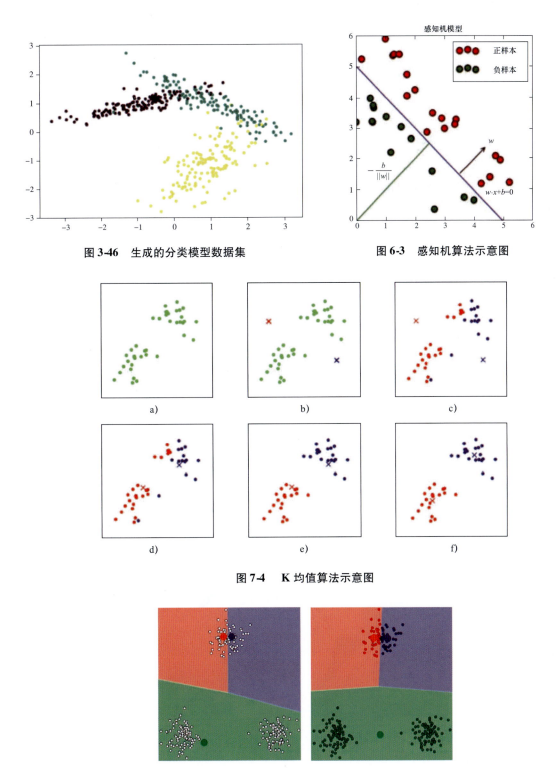

图 3-46 生成的分类模型数据集

图 6-3 感知机算法示意图

图 7-4 K 均值算法示意图

图 7-5 初始中心点选取不好导致的结果

图 7-6 圆环形数据集

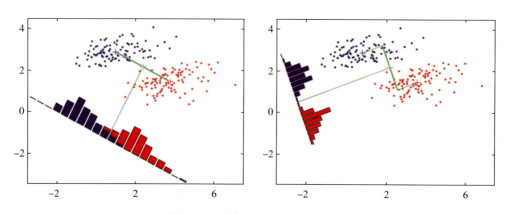

图 8-2 二分类问题 LDA 投影原理

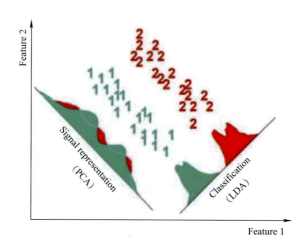

图 8-3 PCA 与 LDA 降维比较示意图 1

职业教育人工智能技术应用专业系列教材

机器学习建模基础

组　编　国基北盛（南京）科技发展有限公司
主　编　张　炯　余云峰
副主编　于　倩　翟玉广　张传勇　王春莲　张　震　朱旭刚
参　编　秦继林　王永乾　曹福德　纵兆松　张运波　李凯丽

机械工业出版社

本书从人工智能初学者的视角出发，通过通俗易懂的案例，系统讲述了机器学习中的建模方法、模型结构和训练过程，详细讲解了回归、分类、聚类、降维、神经网络等模型和算法的概念及原理。通过 Python 语言中流行的 NumPy、Pandas、Matplotlib、Sklearn 等工具库解决案例中的问题，使读者既能理解处理问题背后的原理和思路，又能学习实际解决问题的方法和过程，提高使用机器学习模型和算法解决实际问题的应用能力。

本书可以作为各类职业院校人工智能及相关专业的教材，也可以作为机器学习爱好者的参考用书。

本书配有电子课件等教学资源，教师可登录机械工业出版社教育服务网（www.cmpedu.com）注册后免费下载，或联系编辑（010-88379194）咨询。

图书在版编目（CIP）数据

机器学习建模基础/国基北盛（南京）科技发展有限公司组编；张炯，余云峰主编. —北京：机械工业出版社，2022.1
职业教育人工智能技术应用专业系列教材
ISBN 978-7-111-69699-5

Ⅰ.①机… Ⅱ.①国… ②张… ③余… Ⅲ.①软件工具-程序设计-职业教育-教材 Ⅳ.①TP311.561

中国版本图书馆 CIP 数据核字（2021）第 244763 号

机械工业出版社（北京市百万庄大街22号　邮政编码100037）
策划编辑：李绍坤　　　　　责任编辑：李绍坤　张星瑶
责任校对：张亚楠　王　延　　封面设计：马精明
责任印制：郜　敏
三河市宏达印刷有限公司印刷
2022年1月第1版第1次印刷
184mm×260mm・17印张・2插页・357千字
标准书号：ISBN 978-7-111-69699-5
定价：54.90元

电话服务　　　　　　　　　网络服务
客服电话：010-88361066　　机　工　官　网：www.cmpbook.com
　　　　　010-88379833　　机　工　官　博：weibo.com/cmp1952
　　　　　010-68326294　　金　书　网：www.golden-book.com
封底无防伪标均为盗版　　　机工教育服务网：www.cmpedu.com

前　言

机器学习是人工智能领域的重要分支，随着人工智能技术的迅猛发展，越来越多的大学毕业生和优秀人才投身其中。帮助广大人工智能爱好者和机器学习入门者快速了解和掌握机器学习过程中的建模方法和算法调用变得尤为重要。

本书是机器学习领域的入门教材，在内容选材上尽量涵盖了机器学习基础知识的各方面，从初学者的角度深入浅出地介绍了机器学习的基础知识、建模方法以及常用的算法调用过程，通过生动的示例说明、简洁的理论讲解和典型的应用案例，帮助学生快速理解并掌握机器学习知识体系。本书可以作为职业院校人工智能相关专业的教材和机器学习爱好者的参考用书。

本书共10个学习单元，每个单元都设计了一个或多个学习任务。其中单元1介绍了机器学习建模的相关概念和过程，单元2、3介绍了Python基础和其中的常用工具包，单元4介绍了机器学习中的数据处理方法，单元5~单元9详细讲解了机器学习中的回归、分类、聚类、降维、神经网络等算法，单元10通过综合案例讲解了机器学习问题的具体处理过程。

本书内容适合64学时，教学建议如下：

单元	名称	建议学时
单元1	数学建模与机器学习	3
单元2	Python安装和编程基础	3
单元3	Python常用工具包	8
单元4	数据处理	4
单元5	回归算法	8
单元6	分类算法	12
单元7	聚类算法	6
单元8	降维与关联规则	6
单元9	神经网络算法	8
单元10	机器学习建模综合案例	6

本书由国基北盛（南京）科技发展有限公司组编，由张炯、余云峰任主编，于倩、翟玉广、张传勇、王春莲、张震、朱旭刚任副主编，参与编写的还有秦继林、王永乾、曹福德、纵兆松、张运波、李凯丽。本书由人工智能教材编审委员会指导，委员会成员学校有滨州职业学院、山东商业职业技术学院、威海海洋职业学院、德州职业技术学院、东营科技职业学院等。

由于编者水平有限，书中难免存在疏漏和不足之处，恳请读者批评指正。

编　者

目 录

前言

单元 1 数学建模与机器学习 ………………………………………………………………… 1

任务　房贷还款问题的数学建模 ………………………………………………… 3
单元总结 ……………………………………………………………………………… 13
单元评价 ……………………………………………………………………………… 14
单元习题 ……………………………………………………………………………… 14

单元 2 Python 安装和编程基础 …………………………………………………………… 16

任务 1　安装 Python 环境 ………………………………………………………… 18
任务 2　Python 编程基础——输出杨辉三角 …………………………………… 30
单元总结 ……………………………………………………………………………… 39
单元评价 ……………………………………………………………………………… 40
单元习题 ……………………………………………………………………………… 40

单元 3 Python 常用工具包 ………………………………………………………………… 41

任务 1　使用 NumPy 矩阵计算拟合房价 ………………………………………… 43
任务 2　使用 NumPy 随机数设计猜数游戏 ……………………………………… 51
任务 3　使用 Pandas 展示苹果销量数据 ………………………………………… 54
任务 4　使用 Matplotlib 绘制商品统计图形 …………………………………… 67
任务 5　使用 Sklearn 生成自定义数据集 ………………………………………… 75
单元总结 ……………………………………………………………………………… 87
单元评价 ……………………………………………………………………………… 88
单元习题 ……………………………………………………………………………… 88

单元 4 数据处理 …………………………………………………………………………… 91

任务　学生成绩表数据处理 ……………………………………………………… 93
单元总结 ……………………………………………………………………………… 103
单元评价 ……………………………………………………………………………… 104

| 单元习题 | 104 |

单元 5　回归算法　106

任务　波士顿房价预测问题	108
单元总结	128
单元评价	129
单元习题	129

单元 6　分类算法　131

任务 1　手写数字的分类识别	133
任务 2　检查拼写错误	156
单元总结	161
单元评价	161
单元习题	162

单元 7　聚类算法　164

任务　鸢尾花聚类划分问题	166
单元总结	183
单元评价	184
单元习题	184

单元 8　降维与关联规则　185

任务 1　鸢尾花数据集降维分析	187
任务 2　客户购买商品关联分析	197
单元总结	218
单元评价	218
单元习题	219

单元 9　神经网络算法　220

任务　MNIST 手写数字识别	222
单元总结	238
单元评价	238
单元习题	239

单元 10　机器学习建模综合案例　240

| 任务 1　泰坦尼克号生还情况预测 | 242 |

任务2　共享单车骑行量预测 …………………………………………………………… 252
单元总结 ……………………………………………………………………………………… 263
单元评价 ……………………………………………………………………………………… 263
单元习题 ……………………………………………………………………………………… 263

参考文献 ……………………………………………………………………………………… 264

Chapter 1

单元1
数学建模与机器学习

学习情境

人工智能技术发展迅速,已经成了新时代的必修课,其重要性日益凸显。作为跨学科的产物,人工智能中的模型和算法一直是该领域发展和研究的重点。数学基础知识蕴含着处理人工智能问题的基本思想与方法,也是理解复杂算法的必备要素。人工智能技术建立在数学模型之上,要了解人工智能,首先要掌握必备的数学基础知识。本单元就来学习数学建模和机器学习算法的基础知识。

学习目标

◆ 知识目标
  掌握数学模型的概念和建模步骤
  了解机器学习的概念和算法

◆ 能力目标
  能够对常见问题进行简单的数学建模

◆ 职业素养目标
  培养学生对实际问题的理解分析和数学建模能力

任务　房贷还款问题的数学建模

任务描述

李先生准备向银行贷款 20 万元用于购房、计划 20 年还清，贷款的年利率为 5.94%，银行目前有等额本息还款法和等额本金还款法两种还款方式。等额本息还款法是指每月以相等的金额平均偿还贷款本息，直至期满还清；而等额本金还款法，就是每月偿还的贷款本金相同，利息随本金的减少而逐月递减，直至期满还清。通过建立数学模型分析一下，这两种还款方式，李先生每月应向银行还款多少？20 年到期后，李先生总共要向银行还款多少？李先生选择哪种还款方式比较划算？

任务目标

- ◆ 掌握数学建模的概念和一般步骤
- ◆ 了解机器学习的分类和算法

知识准备

一、数学建模的概念和方法

1. 模型与数学模型

什么是模型？模型是相对于原型而言的，所谓原型就是客观世界中存在的现实对象、实际问题、研究对象和系统；而模型是根据实物按比例、生态或其他特征制成的与实物相似的一种物体，模型是原型的替代品。模型分为物理模型和数学模型，物理模型是指对原型按照保留主要特性、舍弃次要特性而得到的简化对象，实际就是对原型简化后的复制品，包括常见的飞机模型、火箭模型、轮船模型、房屋模型等。物理模型和数学模型的示意如图 1-1 所示。

a)

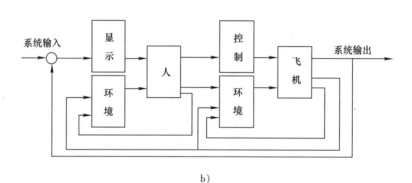

b)

图 1-1 物理模型与数学模型示意图

a) 物理模型 b) 数学模型

数学模型是用数学语言对原型进行表示的数学公式、图形或算法等形式，它是真实系统的一种抽象。数学模型是研究和掌握系统运动规律的有力工具，它是分析、设计、预报或预测、控制实际系统的基础。一般来说，数学模型是指用字母、数字和其他数学符号构成的等式或不等式，或用图表、图像、框图、数理逻辑等来描述系统的特征及其内部联系或与外界联系的模型。为了帮助大家理解，来看图 1-2 的这幅示意图。

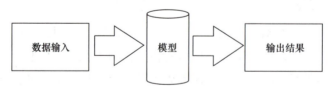

图 1-2 数学模型的理解示意图

假设输入数据是 x，输出结果是 y，那中间的模型就是一个 x 和 y 之间的方程，当然这只是一种片面的解释，但有助于理解模型是什么。模型由结构和参数两部分构成，结构一般是根据人的理解和对事物的认识而选择或创建的，参数是通过算法根据样本数据逐步确定的，确定参数的过程叫作训练。

对于一个要解决的特定问题，不是所有的模型都是可用的，特别是结构如果不合适，参数无论如何调整都达不到要求。比如事物本身的规律是二次曲线，用一次曲线是找不到合适的参数的。另外，衡量模型可以使用相应的指标，比如精度、准确度等。模型的复杂度必须与系统本身的复杂度相匹配才能真实地模拟系统，模型越复杂计算量越大。机器学习算法中的深度学习实际上就是增加了结点（又称为算子，代表一个操作，一般用来表示施加的数字运算，也可以表示数据输入的起点以及输出的终点）的层数和个数，从而增加了模型的复杂度。

2. 数学模型的分类

数学模型的种类很多，而且有多种不同的分类方法。

1）按照模型的应用领域，可以分为人口模型、交通模型、环境模型、生态模型、城镇规划模型、水资源模型等。

2）按照是否考虑模型随时间的变化，分为静态模型和动态模型。静态模型是指要描述的系统各量之间的关系是不随时间的变化而变化的，一般都用代数方程来表达。动态模型是指描述系统各量之间的关系随时间变化而变化，一般用微分方程或差分方程来表示。

3）按照模型中变量取值是连续还是离散的，分为连续模型和离散模型。模型中的变量是在一定区间内变化的模型称为连续模型，比如气温可以取某个区间中的任意值。如果变量取离散值则为离散模型，例如钱币取正面还是反面的问题。

4）按照是否考虑随机因素，分为随机性模型和确定性模型。随机性模型中变量之间关系是以统计值或概率分布的形式给出的，而在确定性模型中变量间的关系是确定的。

5）按照模型中各变量间的关系，分为线性模型和非线性模型。线性模型中各变量之间的关系是线性的，可以应用叠加原理，即几个不同的输入变量同时作用于系统的响应，等于几个输入变量单独作用的响应之和。非线性模型中各变量之间的关系不是线性的，不满足叠加原理。

6）按照对模型结构的了解程度，分为白箱模型、灰箱模型、黑箱模型。白箱模型指那些内部规律比较清楚的模型，如力学、热学、电学以及相关的工程技术问题。灰箱模型指那些内部规律尚不十分清楚，在建立和改善模型方面都还不同程度地有许多工作要做的问题，如气象学、生态学经济学等领域的模型。黑箱模型指一些其内部规律还很少为人们所知的现象。如生命科学、社会科学等方面的问题，但由于因素众多、关系复杂，也可简化为灰箱模型来研究。

3. 数学建模的一般步骤

为了利用数学模型来认识事物的内在规律，并进行分析和预测，数学模型必须准确，且能够快速求解，因此需要运用一些技巧建立数学模型，也就是进行数学建模。数学建模就是找到数据之间的关系，建立数学方程模型，得到结果解决现实问题。

数学建模可看作把问题定义转换为数学模型的过程。对于复杂问题的建模很难一步到位，通常需要采取一种逐步演化的方式来进行。从简单的模型开始（忽略一些难以处理的因素），然后通过逐步添加更多相关因素让模型演化，使其与实际问题更加接近。数学建的一般步骤如图 1-3 所示。

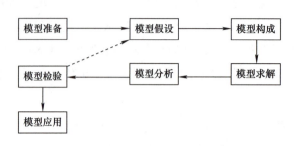

图 1-3　数学建模的一般步骤

第一步，模型准备。了解问题的实际背景，明确建模目的，搜集必需的各种信息如数据，尽量弄清研究对象的主要特征，形成一个比较清晰的"问题"。

第二步，模型假设。根据对象的特征和建模目的，抓住问题的本质，忽略次要因素，对问题进行必要的、合理的简化假设，是关乎建模成败至关重要的一步。假设不合理或太简单，会导致建立错误或无用的模型；假设过分详细，试图将复杂对象的众多因素都考虑进去，会使得模型建立或求解等无法进行下去。

第三步，模型构成。根据所做的假设，用数学语言、符号描述对象的内在规律建立包含常量、变量等的数学模型，如优化模型、微分方程模型等。这里需要注意的是，建立数学模型是为了让更多人明了并加以应用，因此尽量采用简单的数学工具。

第四步，模型求解。可以采用解方程、画图形、优化方法、逻辑运算、数值运算等各种传统的和近代的数学方法，特别是数学软件和计算机技术。

第五步，模型分析。对模型求解结果进行数学上的分析，如结果的误差分析、统计分析、模型对数据的灵敏性分析、对假设的强健性分析等。

第六步，模型检验。将求解和分析结果返回到实际问题，与实际的现象、数据比较，检验模型的合理性和适用性。如果结果与实际不符，问题常常出现在模型假设上，应该修改、补充假设，重新建模，如图 1-3 中的虚线所示。这一步对于模型是否真的有用非常关键，有些模型要经过几次反复不断完善，直到检验结果获得某种程度上的满意。

第七步，模型应用。将所建立的模型用来解决实际问题。

二、机器学习的概念

1. 人工智能与机器学习

人工智能（Artificial Intelligence，AI）是研究、开发用于模拟、延伸和扩展人的智能的理论、方法、技术及应用系统的一门新的技术科学。

人工智能应用范围包括计算机科学、金融贸易、医疗、交通、农业、服务业等行业，其中，机器学习是解决人工智能问题的主要技术，在人工智能体系中处于基础与核心地位，它广泛应用于机器视觉、语音识别、自然语言处理、数据挖掘等领域,如图1-4所示,已经成为IT和人工智能产业的最重要、最多产、发展最快的分支之一。

图1-4　人工智能的主要领域

什么是机器学习呢?通俗地讲,机器学习是让计算机通过模拟或实现人类的学习行为,来获取新的知识和技能,重新组织已有的知识结构,以不断改善自身智能。

举个简单的例子,怎么让计算机去判断一个水果是樱桃还是猕猴桃?人们区分它们时一般会使用两个特征:一个特征是大小,猕猴桃比樱桃大;另一个特征是颜色,樱桃一般是红色,猕猴桃一般是绿色。那么可以让计算机也用类似方法解决此问题。采集一些樱桃和猕猴桃的训练样本,测量它们的重量和颜色,通过计算机构造一个数学模型并找到一条直线,能将这些样本正确分类,那么就可以通过这条直线对新来的水果进行判定。通过这些样本寻找分类直线的过程就是机器学习的训练过程。

再比如在无人驾驶汽车系统中,机器学习的任务是根据路况确定驾驶方式,遇到红灯时刹车、遇到行人时避让,学习的效果用事故发生概率度量,经验就是人类大量的驾驶数据。从这些数据中,机器学习算法能提取出各种路况下人类的正确驾驶方式。从而在无人驾驶模式下根据学习的驾驶方式来操纵汽车。

从以上例子可以看出,机器学习是对已知的样本数据(或称为经验数据)加以提炼,用数学模型完成对数据进行预测和决策的任务。在机器学习中,用于学习的样本数据称为训练数据,完成任务的方法称为模型。

机器学习有着非常广泛的应用,在日常生活中也随处可见,例如停车场出入口的车牌识别、电商网站的商品推荐、新闻头条的新闻推荐、人脸识别、语音输入、人机对弈等。机器学习的应用领域如图 1-5 所示。

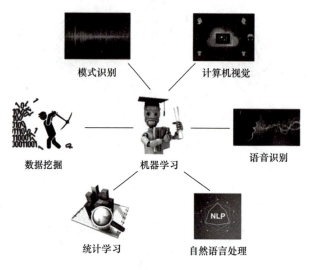

图 1-5　机器学习的应用领域

2. 机器学习的分类

按照模型训练方式的不同,机器学习可以分为监督学习、无监督学习和强化学习,如图 1-6 所示。

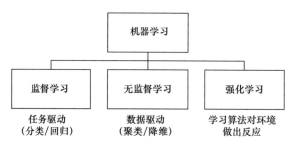

图 1-6　机器学习的分类

1)监督学习:比如让小朋友学习区分猫和狗,先告诉小朋友这种是猫,那种是狗,只要重复几次,下次小朋友就能区分出猫和狗,这就是监督学习。监督学习的样本数据都带有相应的特征组和标签,监督学习的任务就是根据对象的特征组对标签的取值进行预测推断。例如,手写数字识别就是监督学习的问题,特征组是图片的像素灰度矩阵,标签就是图片对应的数字值;垃圾邮件过滤问题中,邮件标题文字是特征组,如果是垃圾邮件则标签为 1,否则标签为 0;房价预测问题中,房屋面积、学区等信息是特征组,交易价格是其标签值。根据样本数据所带标签值的特性,可以将监督学习分为两类:

①分类问题：如果标签只取有限个可能值，则称为分类问题。在手写数字识别中，标签为 0~9 这 10 个取值；垃圾邮件识别中，标签只有 0 和 1 两个取值。

②回归问题：如果标签取值于某个区间的连续实数，则称为回归问题。在房价预测问题中，由于交易价格可以取某个区间的任意值，因此是一个回归问题。

2）无监督学习：假如有一堆杂乱的玩具，让一个孩子去整理好，那么孩子可能按照形状或者颜色进行分类，做的过程并不需要有人在旁边指导，孩子就是根据某个特征找到相似的东西，然后作分类，这个过程就是无监督学习。无监督学习的样本数据不含标签，学习的任务通常是对数据本身的模式进行识别与分类。无监督学习问题的典型代表是：

①聚类问题：聚类问题与监督学习中的分类问题类似，也是将数据按模式归类，只不过聚类问题中的类别是未知的，分类问题的类别是已知的。在个性化新闻推送中，需要根据用户的浏览记录推断其感兴趣的文章类别，从而为其推送该类别的文章。

②降维问题：在机器学习中，每个样本的特征组可以用一个向量表示，在许多应用中特征组维度相当高，甚至达到百万级。众多的特征增加了求解问题的难度，因此需要考虑对特征组进行降维处理，即用低维度的向量表示原始的高维特征。

3）强化学习：比如训练一个小狗学习坐这个动作，当小狗动作正确时，给它一把狗粮作为奖励，当它的动作错误时就不给狗粮奖励。那么时间一长，小狗就学会了坐这个动作，这个学习过程就是强化学习。强化学习的任务是根据对环境的探索制定应对环境变化的策略。其机制是动作发生后观察结果，根据上一个结果作出下一个动作。它模拟了生物探索环境与积累经验的过程，在博弈策略、无人驾驶、机器人控制等诸多前沿人工智能领域中都有应用。

3. 机器学习的算法

前面介绍了机器学习问题，下面来看一下解决这些问题的算法，不同特性的问题需要用不同的算法来解决。算法是描述解决问题的方法，而计算机算法是用计算机解决问题的方法、步骤，在计算机中表现为指令的有限序列，并且每条指令表示一个或多个操作。

1）监督学习的主要算法有：

①线性回归算法：它是根据数据的标签值和特征值之间的线性关系，用一条均方差最小的直线来拟合样本数据。

②逻辑回归算法：它是用于处理因变量为分类变量的回归问题，常见的是二分类或二项分布问题，也可以处理多分类问题。

③支持向量机：它把分类问题转化为寻找分类平面的问题，并通过最大化分类边界点到分类平面的距离来实现分类。

④朴素贝叶斯：以贝叶斯定理为基础，通过预测一个给定的元组属于一个特定类的概率来进行分类。

⑤决策树算法：决策树是一种简单但广泛使用的分类器，它通过训练数据构建决策树，

对未知的数据进行分类。

⑥神经网络算法：模拟人类的视觉神经及人脑记忆功能，适用于图片识别及自然语言处理的相关任务。

2）无监督学习的主要算法有：

① K 均值聚类算法：对一组空间中的点，选出 k 个中心，将所有点聚成 k 个类。

② DBSCAN 聚类算法：一种具有噪声的基于密度的聚类算法，基于一组邻域参数来刻画样本分布的紧密程度。

③主成分分析法：通过线性映射将数据从高维空间投影到一个较低维空间中。

3）强化学习的主要算法有：

①有模型强化的算法：包括值迭代、策略迭代等动态规划算法。

②免模型的强化算法：包括时序差分型算法、策略梯度型算法。

4．机器学习的步骤

机器学习可以分为图 1-7 所示的几个步骤。

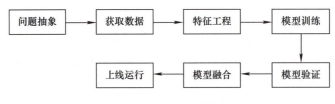

图 1-7 机器学习的步骤

1）实际问题抽象成数学问题（问题抽象）。这里的抽象成数学问题指的是明确可以获得什么样的数据，目标是一个分类、回归还是聚类的问题，如果都不是的话，是否可以将其归类为其中的某类问题。

2）获取数据。获取数据包括获取原始数据以及从原始数据中经过特征工程从原始数据中提取训练、测试数据。

3）特征工程。特征工程包括从原始数据中进行特征构建、特征提取、特征选择。特征工程做得好能发挥原始数据的最大效力，往往能够使得算法的效果和性能得到显著提升，有时能使简单的模型效果比复杂的模型效果更好。

4）模型训练、诊断、调优。模型诊断中至关重要的是判断过拟合、欠拟合，常见的方法是绘制学习曲线，交叉验证。通过增加训练的数据量、降低模型复杂度来降低过拟合的风险，提高特征的数量和质量、增加模型复杂度来防止欠拟合。

5）模型验证、误差分析。通过测试数据，验证模型的有效性，观察误差样本，分析误差产生的原因，往往能找到提升算法性能的突破点。

6）模型融合。提升算法的准确度主要方法是将多个模型进行融合。在机器学习比赛中模型融合非常常见，基本都能使得效果有一定的提升。

7）上线运行。这一部分内容主要跟工程实现的相关性比较大。工程上是结果导向，模型在线上运行的效果直接决定模型的成败。不仅包括其准确程度、误差等情况，还包括其运行的速度、资源消耗程度、稳定性是否可接受。

三、机器学习中的数学建模

机器学习有三要素：数据、算法、模型。如果把人工智能比作一辆轰鸣的战车，那么算法和模型则扮演着"发动机"的角色。"发动机"的质量在一定程度上直接影响、甚至决定了"战车"最终的效力。它们之间的关系如图1-8所示。

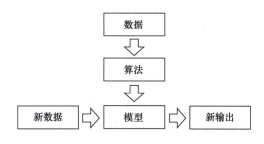

图1-8 机器学习的算法与模型

数据：输入的数据必须是计算机可以识别的，任何计算机上的文件格式经过转化后理论上都能作为机器学习的输入数据。

算法：指的是线性回归、逻辑回归、朴素贝叶斯、支持向量机等算法。从本质上这些算法都是由一些公式组成的，比如一元线性回归方程 $y = ax + b$ 就是线性回归最简单的形式。在这个公式中，x、y 分别是自变量和因变量，在训练模型时输入训练数据实际上就是输入这些变量，然后通过计算将参数 a、b 计算出来，这样模型就训练好了。如果 $a = 2$，$b = 1$，那么模型就是 $y = 2x + 1$，利用这个模型就可以实现基本的预测功能了，而生成这个模型的过程就是数学建模的过程。现在有个新的数据点 $(5, y)$，将 $x = 5$ 输入这个模型预测出 y，结果是11。

模型：概括来说，模型是一个从输入到输出的函数，算法则是利用样本生成模型的方法，学习（也可称为训练）则是利用样本通过算法生成模型的过程。无论是数据拟合、物体识别或是其他任务，模型才是直接进行从"输入"到"输出"的。所以一切有关实际性能的度量，如准确率、召回率、误差等都是针对模型而言的。而在问题分析、数据处理、模型选择、模型构建、算法优化等过程中都离不开数学建模的思想和方法，因此学习机器学习，数学建模是非常关键和必需的。

任务实施

一、实现思路

先看一下银行的两种还款方式。等额本息还款法：即每月以相等的额度平均偿还贷款本息直至期满还清；等额本金还款法：即每月偿还贷款本金相同，利息随本金的减少而逐月递减，直至期满还清。

进行数学建模的思路就是分析出问题中的特征属性（自变量）、目标变量（因变量）等信息并建立它们之间的数学关系表达式。本问题中特征属性有：向银行贷款的本金：20万元，贷款年限：20年，贷款的年利率：5.94%，还款的总月数：240个月，贷款每月的月利率：5.94%/12；目标变量是：两种还款方式下总的还款金额、还款的总利息、每月还款金额等。这些特征属性中有的是相互独立，有的与其他属性有关联，例如，还款总月数＝贷款年限×12、贷款月利率＝贷款年利率/12等；要求解的目标变量之间也有关联，例如，还款总利息＝还款总金额－贷款总金额。

要实现本任务，首先要分析两种还款方式下各种特征属性与目标变量之间的关联关系，对求解的问题作出合理的模型假设（比如假设放贷后每月都能定期还款等），然后用数学方程或公式建立问题的数学模型，完成模型的求解和分析，并能将模型应用到不同的贷款金额和贷款年限的求解问题中。

二、实现过程

为了方便表示，约定以下符号：设借款金额为 A，贷款的年利率为 β，分到每个月的月利率就是 $\alpha = \beta/12$，还款年限为 m，还款期数就是 $n = 12m$。假设银行贷给用户的本金一次性到位后的一个月后开始逐月还款。

先看一下等额本息还款方式，每月还款金额相同，可设为 x，那么：

第1个月还款前欠银行的金额为：$a_1 = A(1+\alpha)$，还款后欠银行的金额为：$b_1 = a_1 - x$；

第2个月还款前欠银行的金额为：$a_2 = b_1(1+\alpha) = A(1+\alpha)^2 - x(1+\alpha)$，还款后欠银行的金额为：$b_2 = a_2 - x$；

以此递推，第 n 个月还款前欠银行的金额为：$a_n = A(1+\alpha)^n - x(1+\alpha)^{n-1} - \cdots - x(1+\alpha)$，还款后欠银行的金额为：$b_n = a_n - x$。

由于第 n 次还款后，贷款就还清了，所以 $b_n = 0$，即：

$$A(1+\alpha)^n - x(1+\alpha)^{n-1} - \cdots - x(1+\alpha) - x = 0$$

解此方程可得出每月还款额：$x = \dfrac{A\alpha(1+\alpha)^n}{(1+\alpha)^n - 1}$

将 $A=200\,000$、$\alpha=5.94\%/12$、$n=240$ 带入计算可得 $x=1\,425.95$,进而可得总共支付的利息 $=240x-200\,000=142\,227.49$。

再看一下等额本金还款方式,每月偿还的本金金额为 $B=A/n=833.33$,那么:

第 1 个月的应还金额为:$x_1=B+(A-B)\alpha=1\,819.21$。

第 2 个月的应还金额为:$x_2=B+(A-2B)\alpha=1\,815.08$。

以此递推,第 n 个月的应还金额为:$x_n=B+(A-nB)\alpha=833.33$,总共支付的利息 $=x_1+x_2+\cdots+x_n-A=(n-1)A\alpha/2=118\,305$。

通过表 1-1 来对比一下两种还款方式的差别:

表 1-1 两种还款方式下的还款金额和利息 （单位：元）

还款方式	还款总额	利息总额	月均还款额
等额本息	342 227.49	142 227.49	1 425.95
等额本金	318 305.00	118 305.00	1 819.21（第 1 个月）

可以看出,等额本金方式相对于同样期限的等额本息方式的还款总额要少,总的利息支出也就较低,但开头的几个月或几十个月的负担相对更重,而等额本息方式每月还银行相等的金额,贷款人的负担没有那么大。这两种方式是为了满足收入情况不同的各种贷款人的需求,实际生活中还要根据自己的经济状况和收入趋势进行选择。

单元总结

本单元学习了数学模型的概念、分类和数学建模的一般步骤,机器学习的概念,机器学习算法的分类以及机器学习的步骤,并通过一个房贷还款计算的案例学习了数学建模过程中的问题分析和处理的一般方法。

单元评价

请根据任务完成情况填写表 1-2 的掌握情况评价表。

表 1-2 单元学习内容掌握情况评价表

评价项目	评价标准	分值	学生自评	教师评价
数学建模的学习	能够掌握数学建模的概念和步骤	25		
数学建模的运用	能够掌握房贷还款问题中数学建模的过程	25		
机器学习的概念	能够掌握机器学习模型和算法的分类	25		
机器学习的步骤	能够掌握机器学习问题处理的一般步骤	25		

单元习题

一、单选题

1. 在数学建模的一般步骤中,将建立的模型用于解决实际问题的步骤是（　　）。
   A. 模型分析　　　　　　　　B. 模型求解
   C. 模型检验　　　　　　　　D. 模型应用

2. 监督学习和无监督学习的区别是样本数据是否带有（　　）。
   A. 特征　　　　　　　　　　B. 标签
   C. 模式　　　　　　　　　　D. 规则

3. 下列不属于无监督学习算法的是（　　）。
   A. K 均值聚类　　　　　　　B. DBSCAN 聚类
   C. 主成分分析法　　　　　　D. 支持向量机

4. 垃圾邮件识别属于（　　）问题。
   A. 回归问题　　　　　　　　B. 分类问题
   C. 聚类问题　　　　　　　　D. 降维问题

5. 监督学习主要分为（　　）。
   A. 回归问题　　　　　　　　B. 分类问题
   C. 聚类问题　　　　　　　　D. 降维问题

二、填空题

1. 按照训练模式的不同，机器学习可以分为_____学习、_____学习和_____学习。
2. 机器学习中的三要素是_____、_____和_____。

三、简答题

1. 数学模型有哪几种分类方式？
2. 简述数学建模的一般步骤。
3. 简述机器学习包含的主要步骤。

Chapter 2

单元2
Python安装和编程基础

学习情境

目前人工智能相关的程序通常是用 Python 来编写的,那为什么人工智能首选 Python 呢?一方面是因为 Python 是一门解释型脚本语言,入门简单、容易上手;另一方面是因为 Python 的开发效率高,有着非常强大的第三方库,基本上可以实现计算机能实现的任何功能。在这些库的基础上进行开发,可以大大降低开发周期。在这些因素的影响下,Python 成为人工智能最主要的编程语言。

本单元将要学习 Python、Anaconda 和 PyCharm 集成环境的安装,并通过实例来学习 Python 编程的基本语法。

学习目标

◆ 知识目标
  掌握 Python 软件的安装方法
  掌握 Python 编程基础语法
◆ 能力目标
  能够独立安装 Python 软件和用到的工具包
  能够使用 Jupyter Notebook 或 PyCharm 编写案例的代码
◆ 职业素养目标
  培养学生安装应用软件环境的动手操作能力
  培养学生编程实现实际问题的能力

任务1　安装 Python 环境

任务描述

Python 作为最接近人工智能的编程语言，在数据挖掘、机器学习等领域有着非常出色的表现，本书也将使用 Python 来学习机器学习相关知识和实现全部案例算法。本任务将介绍 Python 及 Python 包的安装、PyCharm 安装以及交互效果很好的 Jupyter Notebook 的安装，其中 Python 和 PyCharm 的安装以 Windows 和 Ubuntu 两种操作系统为例进行说明。

任务目标

◆ 学习 Python、Anaconda 以及 PyCharm 工具包的安装方法
◆ 学习 Jupyter Notebook 工具的使用方法

知识准备

一、Python 和 Anaconda

　　Python 是一种面向对象的解释型程序设计语言，因其具有简洁性、易读性以及可扩展性的特点，目前是最受欢迎的程序设计语言之一，也是人工智能和机器学习的最佳编程语言，其标识如图 2-1 所示。Python 支持许多机器学习工具库，例如：

● NumPy 适用于多维数组处理和矩阵计算，并实现了一些基础的数学算法，如线性代数相关算法、傅里叶变换及随机数生成等。

● Pandas 适用于高级数据结构与分析，允许合并和过滤数据，以及从其他外部源（如 Excel）收集数据。

● Matplotlib 适用于创建 2D 图、直方图、图表和其他形式的可视化操作。

● Sklearn 涵盖了几乎所有的主流机器学习算法，如聚类、线性和逻辑回归、回归和分类等。

● TensorFlow 是一个使用数据流图进行数值计算的开放源代码软件库。不仅可以用于机器学习、深度学习研究，还可以用于其他任务。

● Keras 是一个 Python 深度学习框架，提供简单、直观的 API 来创建模型。

- PyTorch 适用于深度学习，不仅能够实现强大的 GPU 加速，还支持动态神经网络。
- NLTK 适用于计算语言学、自然语言识别与处理。
- Skimage 适用于图像处理。
- PyBrain 适用于神经网络、无监督学习和强化学习。
- Caffe 适用于深度学习，可以在 CPU 和 GPU 之间进行切换，并通过使用单个 NVIDIA K40 GPU 每天处理 60 多万个图像。
- StatsModels 适用于统计算法和数据探索。

Python 可以通过在 Python 官网下载 Python 安装包单独安装。另外，Anaconda 中集成了 Python，通过安装 Anaconda 也能直接安装 Python，它还包含了很多常用的 Python 包。

Anaconda 是 Python 的一个集成管理工具，它把 Python 中有关数据计算分析的包都集成在一起，里面包含了 720 多个数据科学相关的开源包，在数据可视化、机器学习、深度学习等方面都有涉及。它同时也是个环境管理器，解决了多版本 Python 并存、切换的问题。Anaconda 还有一个巨大优势，即有偏数据分析风格的 Spyder 集成环境以及交互很好的 Jupyter Notebook 应用。有人总结 Anaconda 的优点：省时省心、分析利器。其标识如图 2-2 所示。

图 2-1　Python

图 2-2　Anaconda

二、Jupyter Notebook

Jupyter Notebook 本质是一个 Web 应用程序，便于创建和共享文字化程序文档，支持实时代码、数学方程、可视化和 Markdown。Jupyter Notebook 模式为学习者提供了算法编写、程序运行、数据处理以及可视化等的交互式方式。用途包括数据清理和转换、数值模拟、统计建模、机器学习等。Anaconda 中自带 Jupyter Notebook，如果没有安装 Anaconda，则需要安装 Python 后再单独安装 Jupyter Notebook。

1. 使用说明

新建一个 Python 3 的 Notebook，如图 2-3 所示。

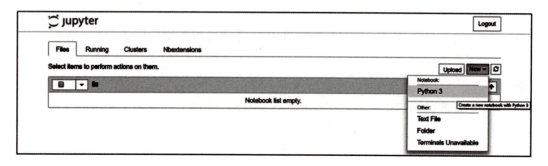

图 2-3　Jupyter Notebook 创建 Python 3 Notebook

接着进入 Notebook 文档，发现 Notebook 文档是由一系列单元（cell）构成，主要有两种形式：

1）代码单元：这是编写代码的地方，通过使用 <Shift + Enter> 等快捷键运行代码，其结果显示在代码单元下方。代码单元左边有 In［1］：这样的序列标记，方便查看代码的执行次序。

2）Markdown 单元：在这里对文本进行编辑，采用 Markdown 的语法规范，可以设置文本格式、插入链接、图片甚至数学公式。同样可以使用 <Shift + Enter> 等快捷键运行 Markdown 单元来显示格式化的文本。

可以通过选择设置该单元为代码单元或者 Markdown 单元，也可以通过快捷键快速切换单元类型，如图 2-4 所示，将单元切换为命令模式（按 <Esc> 键），按 <M> 键会把当前 cell 内容转换为 Markdown 形式，按 <Y> 键会把当前 cell 内容转换为代码形式。

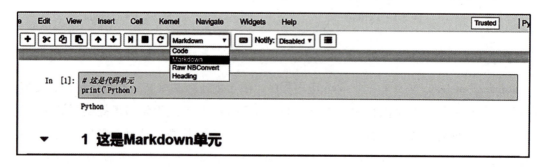

图 2-4　Notebook 两种形式的 cell

通过代码单元可以方便地完成一些计算任务，例如实现一个简单的求和任务，步骤如图 2-5 所示。

```
In [1]: a = 3
        b = 5
In [2]: a, b
Out[2]: (3, 5)
In [3]: print(a+b)
        8
```

图 2-5　Notebook 求和计算示意图

为了有更好的体验，可以安装扩展插件：打开命令行 cmd，依次输入 pip install jupyter_contrib_nbextensions 和 jupyter contrib nbextension install-user。

可以增加选择 Codefolding 和 Table of Contents 等扩展，获得更好的体验，如图 2-6 所示。

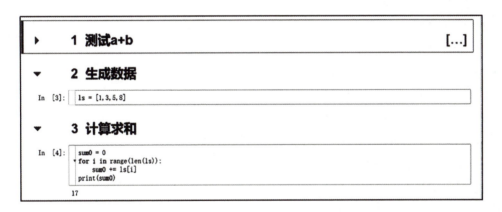

图 2-6　Notebook 运行示意图

2. Jupyter Notebook 的优缺点

以下列举 Jupyter Notebook 的众多优点：

1）极其适合数据分析：运行即可在 cell 下得到结果。

2）支持多语言：只要安装对应程序语言的核（kernel），就可使用该语言。

3）分享便捷：支持以网页的形式分享，也支持导出成 HTML、Markdown、PDF 等多种格式的文档。

4）远程运行：在任何地点都可以通过网络连接远程服务器来实现运算。

5）交互式展现：不仅可以输出图片、视频、数学公式，还可以呈现一些互动的可视化内容，需要交互式插件（Interactive Widgets）来支持。

当然凡事有利必有弊，Jupyter Notebook 也有几个缺点：

1）不太适合做工程。

2）不方便调试。

3. 常用快捷键

Jupyter Notebook 分为两种模式：命令模式和编辑模式。其中，当前 cell 侧边为蓝色时，表示此时为命令模式，按 <Enter> 键切换为编辑模式；当前 cell 侧边为绿色时，表示此时为编辑模式，按 <Esc> 键切换为命令模式。

命令模式常用的快捷键有：

- H：显示快捷键帮助。
- Y：把当前 cell 内容转换为代码形式。
- M：把当前 cell 内容转换为 Markdown 形式。
- A：在上方新建 cell。
- B：在下方新建 cell。
- X/C/Shift + V/V：剪切/复制/上方粘贴/下方粘贴。
- 双击 D：删除当前 cell。
- Z：撤销删除。
- S：保存 Notebook。
- L：为当前 cell 的代码添加行编号。
- Shift-L：为所有 cell 的代码添加行编号。
- 双击 I：停止 kernel。
- 双击 0：重启 kernel。

编辑模式常用的快捷键有：

- Tab：代码补全。
- Shift + Tab：查看函数介绍。
- Ctrl + Enter：运行当前 cell。
- Shift + Enter：运行当前 cell 并跳转到下一 cell。
- Alt + Enter：运行当前 cell 并在下方新建 cell。

三、PyCharm

一般项目开发也会使用 PyCharm，其标识如图 2-7 所示。这是带有一整套可以帮助用户在使用 Python 语言开发时提高其效率的工具，比如调试、语法高亮、Project 管理、代码跳转、智能提示、自动完成、单元测试、版本控制等。此外，该 IDE 还提供了一些高级功能，以用于支持 Django 框架下的专业 Web 开发。

单元 2
Python安装和编程基础

图 2-7　PyCharm

任务实施

一、实现思路

下面将依次学习 Python、Anaconda、PyCharm、Jupyter Notebook 等软件以及 Python 扩展包的安装方法和安装过程。其中 Python 和 PyCharm 的安装以 Windows 和 Ubuntu 两种操作系统为例进行说明。

二、实现过程

1. Windows 环境下安装 Python

（1）直接安装

进入 Python 官网，选择并下载合适的版本（这里以 3.6 版本为例），双击进行安装。如图 2-8 所示，自定义配置后，单击"Next"按钮。

图 2-8　Python 安装示意图

如果没有选择添加环境变量，则需要配置环境变量。

右击"计算机"图标，选择"属性"命令，依次选择"高级系统设置→高级→环境变量"命令，将 Python 安装路径（如 C:\Python）加入到 Path 里，然后依次单击"确定"按钮，如图 2-9 所示。

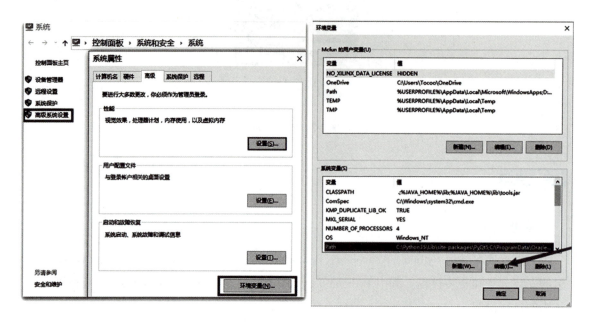

图 2-9　Python 环境变量配置示意图

打开命令行 cmd，输入 python，即可查看 Python 版本号并进行编程。Python 安装成功的示意图如图 2-10 所示。

图 2-10　Python 安装成功示意图

（2）通过 Anaconda 安装

进入 Anaconda 官网，选择对应操作系统版本，再选择 Python 3.6 版本，如图 2-11 所示。

图 2-11　下载 Anaconda 示意图

文件下载成功后，直接双击 exe 文件进行安装。依次单击"Next"按钮完成安装，如图 2-12 所示。

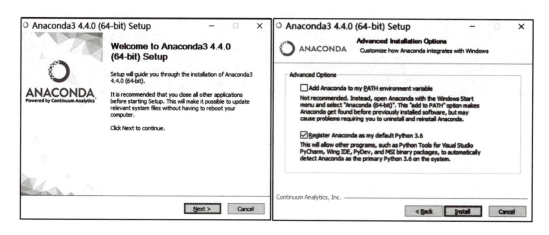

图 2-12　Anaconda 安装示意图

如果没有选择添加环境变量，则需要配置环境变量（有关 Python 的命令文件在 $ anaconda_dir 目录下，第三方扩展包命令文件在 $ anaconda_dir/Scripts 目录下）。

2. Ubuntu 环境下安装 Python

（1）直接安装

Ubuntu 默认已安装了 Python 2.7，输入 Python 命令查看，显示如图 2-13 所示。

```
root@ubuntu:~# python
Python 2.7.12 (default, Dec  4 2017, 14:50:18)
[GCC 5.4.0 20160609] on linux2
Type "help", "copyright", "credits" or "license" for more information.
>>>
```

图 2-13　查看 Python 版本

此时需要添加 Python 3.6 的远程仓库源，更新地址并进行安装：

```
sudo add-apt-repository ppa:jonathonf/python-3.6
sudo apt-get update
sudo apt-get install python3.6
```

更改启动默认值，python 命令默认关联为 python 2，现在修改为 python 3：

```
sudo update-alternatives--install /usr/bin/python python /usr/bin/python2 100
sudo update-alternatives--install /usr/bin/python python /usr/bin/python3 150
```

此时再次输入 python 命令查看版本，Python 安装成功示意图，如图 2-14 所示。

```
root@ubuntu:~# python
Python 3.6.3 (default, Oct  6 2017, 08:44:35)
[GCC 5.4.0 20160609] on linux
Type "help", "copyright", "credits" or "license" for more information.
>>>
```

图 2-14　Python 安装成功示意图

（2）通过 Anaconda 安装

进入 Anaconda 官网，下载 Linux 版本的 Anaconda 安装文件，如图 2-15 所示，格式为 sh，如 Anaconda3-4.2.0-Linux-x86_64.sh。

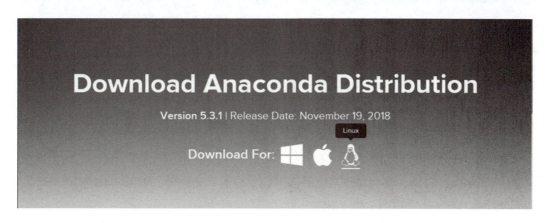

图 2-15　下载 Anaconda 示意图

在终端切换到下载文件所在目录下，执行安装命令：

```
bash Anaconda3 -4. 2. 0 - Linux - x86_64. sh
```

在后续安装过程中，遇到询问［yes | no］进行安装配置时，选择“yes”进行配置即可，如图 2-16 所示。

```
installing: conda-build-2.0.2-py35_0 ...
Python 3.5.2 :: Continuum Analytics, Inc.
creating default environment...
installation finished.
Do you wish the installer to prepend the Anaconda3 install location
to PATH in your /home/erik/.bashrc ? [yes|no]
[no] >>> yes
```

图 2-16　Anaconda 安装过程

安装完成后重新打开终端窗口，输入 anaconda -V 或者 conda -V，验证 Anaconda 安装成功情况。Anaconda 安装成功示意图如图 2-17 所示。

```
erik@tf:~$ anaconda -V
anaconda Command line client (version 1.5.1)
erik@tf:~$ conda -V
conda 4.2.9
erik@tf:~$
```

图 2-17　Anaconda 安装成功示意图

同理需要将 Python 及第三方扩展包命令添加到环境变量中。修改用户的 .bashrc 文件，将 Anaconda 安装目录下的 bin 目录添加到系统 PATH 中。

> ＃ ＄anaconda3_dir 为 anaconda 安装目录
> export PATH = " ＄anaconda3_dir/bin：＄PATH"

3. 安装 PyCharm

进入 PyCharm 官网，依据操作系统平台下载对应版本的软件，如图 2-18 所示。

图 2-18 下载 PyCharm 示意图

对于 Windows 系统版本，双击 exe 下载文件进行安装。依次单击"Next"按钮完成安装，如图 2-19 所示。

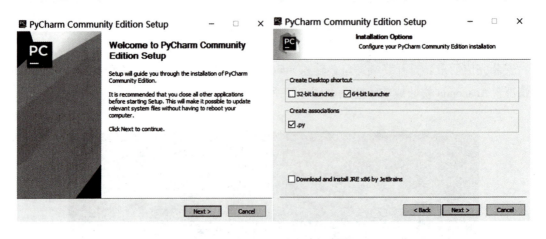

图 2-19 PyCharm 安装示意图

对于 Linux 版本，解压下载的 tar.gz 文件，执行 bin 目录下的 pycharm.sh 文件即可。

```
# pycharm_dir 为 PyCharm 解压包所在目录
cd $ pycharm_dir/bin
sh pycharm.sh
```

安装成功后，软件界面如图 2-20 所示。

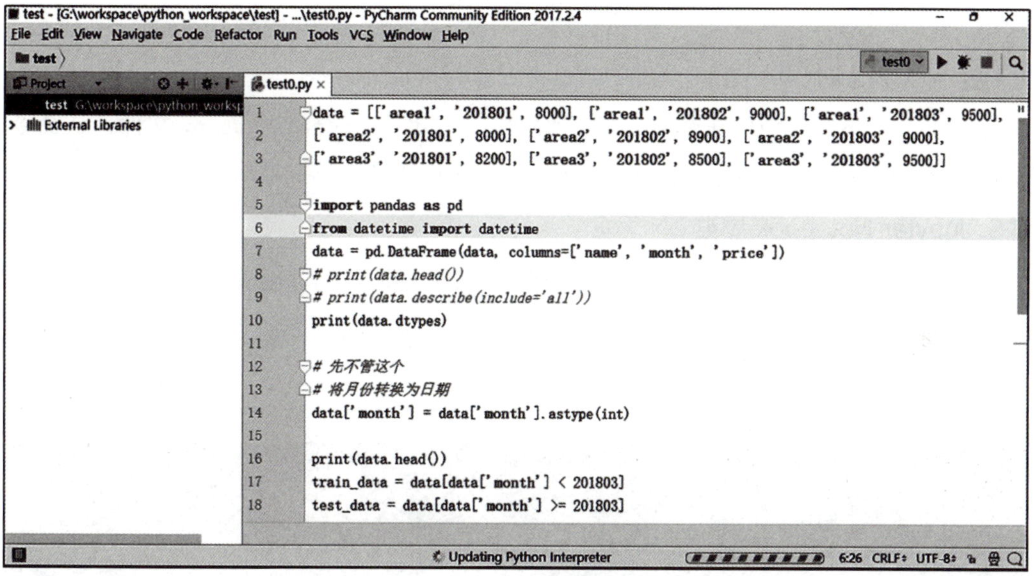

图 2-20　PyCharm 软件界面

4. 安装 Python 扩展包

由于 Python 是免费的、开源的，是最接近人工智能的编程语言，很多工程师都贡献自己的思想，将自己的工作凝聚成一个个扩展包，让其他工程师能够在已有的基础上高效创作。那么如何安装这些扩展包呢？一般有三种安装方式：直接复制（只针对单文件模块）、使用 pip 工具和使用源文件。

（1）直接复制

针对单文件模块，可直接把文件复制到 Python 安装目录下的 Lib 文件夹下（$ python_dir/Lib）。

（2）使用 pip 工具

使用 pip 工具安装，此方法比较常用，方便快捷，自动下载安装包到当前 Python 环境。如果需要指定下载安装某个版本的包，只需写成：pip install package_name == 版本号；另外，下载的 whl 格式的安装包文件也可以通过 pip install 安装。以 Windows 系统为例，安装 numpy 包如图 2-21 所示。

图 2-21　pip 安装扩展包示意图

(3) 使用源文件

在 Github 上下载对应的压缩包，解压缩之后，文件夹下会有 setup.py 文件，从命令行窗口进入该文件夹，输入命令：python setup.py install 即可完成扩展包安装。

5. Jupyter Notebook 安装

若未使用 Anaconda 安装 Python，则需要单独安装 Jupyter Notebook，输入命令：pip install jupyter。安装完成后，在命令行输入 jupyter notebook，如图 2-22 所示，即可使用。

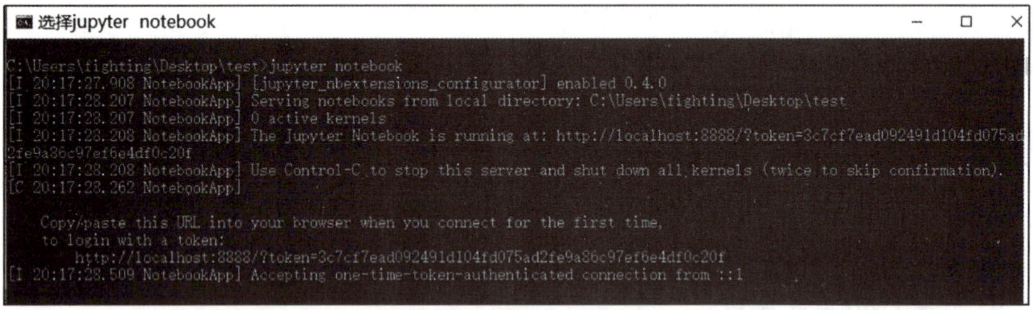

图 2-22　打开 Jupyter Notebook

任务 2　Python 编程基础——输出杨辉三角

任务描述

本任务首先介绍 Python 语言的基本语法、数据类型和流程控制，然后通过打印杨辉三角的案例演示 Python 编程中的数据定义、流程控制等方法。

单元 2
Python安装和编程基础

任务目标

◆ 掌握 Python 代码编写的基本语法和格式

知识准备

一、基础知识

1. Python 注释

Python 中的注释有单行注释和多行注释：单行注释以#开头，多行注释用 3 对单引号'''或者 3 对双引号 """ 括起来。在 Jupyter Notebook 中，可用＜Ctrl＋/＞快捷键进行注释。

示例：用两种方式进行注释。

步骤	代码	输出结果
步骤 1	#这是一行注释 print ('hello')	hello
步骤 2	''' 瞧瞧， 这是多行注释 ''' print ('hello')	hello

2. 常量和变量

变量命名由字母、数字、下划线组成，不能以数字开头，并且对字母大小写敏感。所谓的常量就是不能改变值的量，比如常用的数学常数 Pi 就是一个常量。在 Python 中，通常用全部大写的标识符来表示常量，如 Pi＝3.1415926。但事实上 Pi 仍然是一个变量，Python 没有任何机制保证 Pi 不会被修改，所以用全部大写的标识符表示常量只是一个习惯上的用法，实际上 Pi 的值仍然可以被修改。

3. 缩进

Python 最具特色的就是使用缩进来表示代码块，不需要使用大括号 {}。缩进的空格数是可变的，但是同一个代码块的语句必须包含相同的缩进空格数。

二、基本数据类型

Python 有 5 个标准的数据类型：Numbers（数字）、String（字符串）、List（列表）、Tuple（元组）、Dictionary（字典）。

> 注意：Python 定义对象时，无须声明对象类型，可以用 type（）查看变量类型。

1. Numbers（数字）

数字数据类型用于存储数值，是不可改变的数据类型，这意味着改变数字数据类型会分配一个新的对象。有 4 种不同的数字类型：int（有符号整型）、long（长整型）、float（浮点型）、complex（复数）。其中，如果整数发生溢出，Python 会自动将整数数据转换为长整数，Python 的长整型数字没有指定位宽，只要不超过机器内存，原则上长整型数字可以非常大；复数由实数部分和虚数部分组成，一般形式为 x + yj。

示例：创建数字数据类型的变量。

步骤	代码	输出结果
步骤 1	a = 5 #整数 type（a）	int
步骤 2	b = 3.5 #浮点数 type（b）	float
步骤 3	c = 5 + 2j #复数 type（c）	complex

2. String（字符串）

字符串是由数字、字母、下划线组成的一串字符，是编程语言中表示文本的数据类型。Python 中可以使用单引号、双引号或者三个引号来创建字符串。

字符串切片即从字符串中获取一段子字符串，可以使用变量［头下标：尾下标：步长］来截取相应的字符串。其中，默认步长为 1，同时默认头下标为 0 及默认尾下标为字符串长度。当步长为负数时，默认头下标为字符串长度－1 且默认尾下标为 none（尾下标不是 0，否则不包含第 0 个字符；尾下标也不是－1，否则指的是最后一个字符）。

使用 len( ) 函数求字符串长度，如 len(s)。

> 注意：Python 的字符串下标从 0 开始，下标存在－i 表示倒数第 i 个字符。

示例：创建字符串数据类型的变量，并进行相关操作。

单元 2
Python安装和编程基础

步骤	代码	输出结果
步骤1	s = 'I love python' type (s)	str
步骤2	s = 'I love python' s [2: 4] #切片	'lo'
步骤3	s2 = '''hello, my dear''' print (s2)	hello, my dear
步骤4	s2 = '''hello, my dear''' #取下标为偶数的字符 #下标为 0，2，4… s2 [:: 2]	'hlo \ n yda'
步骤5	s2 = '''hello, my dear''' s2 [:: －1] #取字符串逆序	'raed ym \ n, olleh'
步骤6	s2 = '''hello, my dear''' len (s2) #求长度	22

3. List（列表）

把逗号分隔的不同数据项用方括号括起来即是列表，其数据项不需要具有相同的类型，切片操作和字符串一致。

示例：创建列表数据类型的变量。

步骤	代码	输出结果
步骤1	ls = [1, 3.0, 'hi'] type (ls)	list

步骤2	#输出第 2 个元素
	ls = [1, 3.0, 'hi']
	ls [2]
		'hi'

常用的列表操作方法有：
- list. append (obj)：在列表末尾添加新的对象。

- list.extend (other_list)：在列表末尾一次性追加另一个序列中的多个值（用新列表扩展原来的列表）。
- list.index (obj)：从列表中找出某个对象第一次匹配的索引位置。
- list.insert (index, obj)：将对象插入列表中的指定位置。
- list.pop (obj = list [-1])：移除列表中的一个元素（默认最后一个元素），并且返回该元素的值。
- list.remove (obj)：移除列表中某个值的第一个匹配项。
- list.sort ([func])：对原列表进行排序。

示例：列表数据类型的相关操作。

步骤	代码	输出结果
步骤1	ls = [1, 3.0, 'hi'] #在指定位置插入元素 ls.insert (1, 5) print (ls)	[1, 5, 3.0, 'hi']
步骤2	ls = [1, 5, 3.0, 'hi'] ls.pop ()　　#弹出最后一个元素	'hi'
步骤3	ls = [1, 5, 3.0] ls.append (7) #在最后插入元素 print (ls)	[1, 5, 3.0, 7]
步骤4	ls = [1, 5, 3.0, 7] ls.sort () #排序 print (ls)	[1, 3.0, 5, 7]

4. Tuple（元组）

一般情况下，用小括号将逗号分隔的不同数据项括起来即为元组，但是小括号可省略。可以将元组看作特殊的列表，即元组不能进行修改。

示例：创建元组数据类型的变量。

步骤	代码	输出结果

步骤1	#定义元组，可以省略小括号
	tup1 = 1, 2
	tup2 = (1, 3, 5)
	print (type (tup1))
	print (type (tup2))
		< class 'tuple' >
		< class 'tuple' >

要是对元组进行修改，会出现错误提示，如图2-23所示。

```
In [20]: # 元组不支持任何插入、删除操作
         tup1.append(2)
---------------------------------------------------------------------------
AttributeError                            Traceback (most recent call last)
<ipython-input-20-fb525c8d24b4> in <module>()
----> 1 tup1.append(2)

AttributeError: 'tuple' object has no attribute 'append'

In [21]: # 元组的元素不能修改
         tup1[1] = 0.5
---------------------------------------------------------------------------
TypeError                                 Traceback (most recent call last)
<ipython-input-21-9db864f70e3b> in <module>()
----> 1 tup1[1] = 0.5

TypeError: 'tuple' object does not support item assignment
```

图2-23 不能修改元组

5. Dictionary（字典）

字典由键和对应值成对组成，每个键与值用冒号":"隔开，每对用逗号分隔，整体放在花括号"{}"中。字典也被称作关联数组或哈希表。

> 注意：键必须独一无二，值则不必；值可以取任何数据类型，但必须是不可变的，如字符串、数或元组。

示例：创建字典数据类型的变量。

步骤	代码	输出结果

步骤1	#定义一个字典
	d = {'tang': 100, 'qin': 99}
	type (d)
		dict

步骤2	d = {'tang': 100, 'qin': 99} #添加元素 d ['guang'] =99 print (d)	{'tang': 100, 'qin': 99, 'guang': 99}

三、流程控制语句

编程语言中的流程控制语句分为顺序语句、分支语句和循环语句。顺序语句不需要单独的关键字来控制，就是一行行地执行，不需要特殊的说明。条件分支语句是通过判断条件的执行结果（true/false）来决定执行哪个分支的代码块，当判断结果为 true 则执行 true 分支的语句，否则执行 false 分支的语句（可以没有 false 分支语句）。Python 中提供 if⋯else 语句。循环语句用于多次执行一个代码语句或代码块，Python 中提供 for 循环和 while 循环。

（1） if 语句

Python 编程中 if 语句用于控制程序的执行，基本形式为：

> if 判断条件：
>   执行语句1……
> else：
>   执行语句2……

当然，if 语句可嵌套，else 条件下的 if 语句可以简写为 elif。

> if 判断条件1：
>   if 判断条件2：
>   执行语句1……
>   else：
>   执行语句2……
> elif 判断条件3：
>   执行语句3……
> else：
>   执行语句4……

示例：简单的 if 语句。

步骤	代码	输出结果

步骤1	score = 90
	if score > 80:
	　　print ('棒棒的')
	else:
	　　print ('继续努力哟')
		棒棒的

单元 2
Python安装和编程基础

(续)

步骤	代码	输出结果

步骤2	score = 78
	if score > 90:
	　　print ('优秀')
	elif score > 80:
	　　print ('良好')
	elif score > 60:
	　　print ('合格')
	else:
	　　print ('不合格')
		合格

> 注意：Python程序语言指定任何非0和非空（null）值为true，0或者null为false。

(2) for 循环

for 循环可以遍历任何序列的项目，如列表或者字符串，就是把这个循环中的第一个元素到最后一个元素依次访问一次。基本语法如下：

> for 重复迭代的变量 in 序列：
> 　　执行语句……

range () 函数可创建一个整数列表，一般用在 for 循环中。例如，在 range (start, stop [, step])中：计数从 start 开始（默认是0），计数到 stop 结束，但不包括 stop，步长为 step，默认为1。range (0, 5) 等价于 range (0, 5, 1)。

示例：简单的 for 循环。

步骤	代码	输出结果
步骤1	ls = [1, 5, 'hi'] for lsi in ls: 　　print (lsi)	1 5 hi

步骤2	for i in range (10):
	　　if i * i < 20:
	　　　　print (i)
		0
		1
		2
		3
		4

(3) while 循环

for 循环和 while 循环基本上效果是一样的，两者的相同点在于都能循环做同一件重复的事情；不同点在于 for 循环是在序列穷尽时停止，while 循环是在条件不成立时停止。

> 注意：可以使用关键字 continue 跳出本次循环，直接进入下次循环；可以使用关键字 break 跳出当前的整个循环。

示例：简单的 while 循环以及 continue 和 break 的区别。

步骤	代码	输出结果

步骤1	i = 25
	while i > 10:
	    i - = 1
	    if i % 7 == 0:
	        print (str (i) +'能被7整除')
	continue
		21 能被 7 整除
		14 能被 7 整除

步骤2	i = 25
	while i > 10:
	    i - = 1
	    if i % 7 == 0:
	        print (str (i) +'能被7整除')
	break
		21 能被 7 整除

任务实施

一、实现思路

如果用列表 A 来表示杨辉三角，杨辉三角 A 前两层数据分别是 [1] 和 [1, 1]，从第 3 层开始，每一层的两端都是 1，中间的数据 A [i] 则等于上一层对应列的两数据的和，即 A [i] [j] = A [i - 1] [j] + A [i - 1] [j - 1]。在本任务中首先使用 list 变量来存储杨辉三角的数据，然后使用 for 循环来依次计算杨辉三角每一层的数据。

二、程序代码

这里定义一个 list 变量 triangle 来保存杨辉三角每行的数据。根据要打印的杨辉三角层数 n，使用从 2 到 n 的 for 循环，用上一行的数据相邻元素的和来依次生成本行的数据，并追加到 triangle 中。最后逐行打印出 triangle 中的数据。

```
#打印杨辉三角
import sys
n = 6 #杨辉三角的层数
triangle = [[1],[1,1]]        #用list保存杨辉三角数据
for i in range(2,n):          #已经给出前两行,所以求剩余行
    cur = [1]                 #定义每行第一个元素
    for j in range(1,i): #本行元素计算
        cur.append(triangle[i - 1][j] + triangle[i - 1][j - 1])   #前一行相邻的数的和
    cur.append(1)             #本行最后一个元素
    triangle.append(cur)
for i in range(n):            #逐行输出杨辉三角内容
    for j in range(i + 1):
        sys.stdout.write(str(triangle[i][j]))
        sys.stdout.write(' ')    #输出数字间的空格
    print('')                    #打印换行
```

代码执行结果如图 2-24 所示。

```
1
1 1
1 2 1
1 3 3 1
1 4 6 4 1
1 5 10 10 5 1
```

图 2-24　杨辉三角输出结果

单元总结

本单元学习了 Python、Anaconda、PyCharm 等软件的安装,还学习了 Python 编程的基本语法知识。

单元评价

请根据任务完成情况填写表 2-1 的掌握情况评价表。

表 2-1　单元学习内容掌握情况评价表

评价项目	评价标准	分值	学生自评	教师评价
Python 环境安装	能够独立安装 Python、Anaconda、PyCharm 等软件	20		
Jupyter Notebook 的使用	能够安装 Jupyter Notebook，并使用 Jupyter Notebook 编写运行测试代码	20		
Python 扩展包	能够使用 pip 命令安装和卸载扩展包	20		
Python 语言基础	能够掌握 Python 中的基本数据类型、语句控制等的编写语法	20		
Pyhon 编程基础	能够使用 PyCharm 或 Jupyter Notebook 编写和调试测试代码	20		

单\元\习\题

一、填空题

1. Python 版本查看的命令是＿＿＿＿＿＿。

2. Python 扩展包安装的命令是＿＿＿＿＿＿。

3. Anaconda 版本查看的命令是＿＿＿＿＿＿。

4. Python 中 list 列表添加元素的方法有＿＿＿＿＿＿。

二、多选题

1. Python 中的注释行或内容一般采用什么符号标注（　　）。

　　A. #　　　　　　　　　　　B. ；分号

　　C. '单引号　　　　　　　　D. "双引号

2. 下面定义的变量中属于元组的是（　　）。

　　A. [1, 2, 3]　　　　　　　B. 1, 2, 3

　　C. (1, 2, 3)　　　　　　　D. '1, 2, 3'

三、编程题

输入某年某月某日，判断这一天是这一年的第几天。

Chapter 3

单元3
Python常用工具包

学习情境

在人工智能问题的处理中，经常会遇到涉及大量数值计算和数据分析的问题，尤其是一些向量和数组的运算以及可视化等问题。本单元要学习 Python 中一些基础数据处理包的使用，例如，NumPy 程序库支持大量的多维度数组与矩阵计算，并提供了包括线性代数、随机数生成、傅里叶变换等功能的函数库；Pandas 库支持包括数据读写、数值计算、数据处理、数据分析和数据可视化全套流程操作；Matplotlib 库支持曲线图、直方图、柱状图、饼图等的绘制；Sklearn 库则提供了生成自定义数据集的方法，还提供了各种分类、回归等机器学习算法的调用方法。

学习目标

◆ 知识目标

掌握 NumPy 库中数组的运算、随机数处理和数据统计分析方法
掌握 Pandas 库中 Series 序列和 DataFrame 数据框的使用方法
掌握 Matplotlib 库中散点图、曲线图、直方图、柱状图、饼图等的绘制方法
学习 Sklearn 中数据集、算法的调用方法

◆ 能力目标

能够调用 NumPy 库方法对模型数据进行计算处理
能够使用 Series 序列和 DataFrame 对模型数据进行统计分析
能够调用 Matplotlib 库设计绘图布局，进行图形绘制
能够调用 Sklearn 中机器学习算法进行模型训练和数据预测

◆ 职业素养目标

培养学生对机器学习问题中数据的分析、可视化、算法运用等的综合处理能力
培养学生运用各种工具解决实际问题的能力

任务 1　使用 NumPy 矩阵计算拟合房价

任务描述

在条件相同的情况下,房子的售价一般与房子的面积成正比关系,就是说面积越大房子越贵,所以在不考虑其他因素时,可以假设房子售价 y 与面积 x 是线性关系。现在有如下几个房子样本的(面积 x,售价 y)数据:(100,100)、(150,120)、(130,117)、(160,125),见表 3-1。

表 3-1　简单房价模型的数据

面积/m^2	售价/万元
100	100
150	120
130	117
160	125

根据售价 y 与面积 x 具有近似线性关系的假设,可以建立房价与面积的简单数学模型,设 $y = \theta_0 + \theta_1 x$,根据已有的样本数据,求出其中的参数 θ_0 和 θ_1,从而得到该问题模型的数学表达式,进而使用该模型根据新样本的房子面积来进行简单的房价预测。

任务目标

◆ 掌握 NumPy 库中数组的创建和使用方法
◆ 学习对实际案例进行数学建模的方法

知识准备

NumPy 是 Python 科学计算的基础包,它专门为进行严格的数字处理而产生,经常在向量和矩阵运算中使用。

NumPy 的全称是 Numerical Python,是用 Python 进行科学计算时的一个重要基础模块。NumPy 提供了一系列快速计算数组的例程,包括数学运算、逻辑运算、形状操作、排序、选择、I/O、离散傅里叶变换、基本线性代数、基本统计运算、随机模拟等。

一、NumPy 数组的创建

NumPy 的核心是数组（arrays），具体来说是多维数组（n-dimensional arrays），例如，[1, 2, 3, 4] 是一个数组，['a1', 'b2', 'c3'] 也是一个数组，[[1, 2, 3], [4, 5, 6]] 是一个二维数组。

NumPy 就是对这些数组进行创建、删除、运算等操作的一个程序包。接下来介绍 NumPy 的一些数组操作。

1. 创建数组

通过 np.array () 函数传入序列型对象（列表、元组、数组等）。

```
import numpy as np                              #导入 NumPy 库
A = [1,2,3,4]                                   #创建普通的 Python 数组 list
array = np.array(A)                             #转化为 NumPy 数组
print(array)                                    #打印数组
array2 = np.array([[1,2,3,4],[4,5,6,7],[7,8,9,10]])   #创建二维数组
print(array2)                                   #打印数组
```

执行结果如图 3-1 所示。

```
[1 2 3 4]
[[ 1  2  3  4]
 [ 4  5  6  7]
 [ 7  8  9 10]]
```

图 3-1　创建数组执行结果

上述命令中，用 array 命令创建了一个一维数组和一个二维数组。

2. 查看 array 数组的属性

通过 array 的相应属性可以查看其结构、类型、元素个数等。

```
print('array 数组维度为:',array.shape)
print('array2 数组维度为:',array2.shape)
print('array2 的数据类型为:',array2.dtype)
print('array2 的元素个数为:',array2.size)
```

执行结果如图 3-2 所示。

```
array数组维度为：   (4,)
array2数组维度为：  (3, 4)
array2的数据类型为： int32
array2的元素个数为： 12
```

图 3-2　查看 array 数组属性的执行结果

从以上输出可以看出 array 是一维数组；array2 是二维数组，数据类型是 32 位整数类型，数组元素为 12 个。在这里查看数组的数据类型使用 dtype，而不能用 type。NumPy 中最常用的数据类型是 bool、int32、int64、float16、float32 等。

3. 创建数组的特定方式

除了使用 np.array() 手动创建数组外，还可以采用 np.arrange()、np.linspace()、np.zeros()、np.eye() 等特定函数创建规则型数组。

```
print('使用 arange 创建的数组为:',np.arange(10))
print('使用 linspace 创建的数组为:',np.linspace(0,1,5))
print('使用 zeros 创建的数组为:',np.zeros((2,3)))
print('使用 eye 创建的数组为:',np.eye(3))
print('使用 random 生成随机数组为:',np.random.random(10))
```

执行结果如图 3-3 所示。

```
使用arange创建的数组为： [0 1 2 3 4 5 6 7 8 9]
使用linspace创建的数组为： [0.   0.25 0.5  0.75 1.  ]
使用zeros创建的数组为： [[0. 0. 0.]
 [0. 0. 0.]]
使用eye创建的数组为： [[1. 0. 0.]
 [0. 1. 0.]
 [0. 0. 1.]]
使用random生成随机数组为： [0.25145036 0.0679286  0.69730856 0.40208206 0.08318919 0.37076132
 0.77074248 0.2439352  0.75531017 0.97659332]
```

图 3-3　创建特定数组执行结果

可以看出，np.arrange() 用于创建等差数组，默认步长为 1；np.linspace() 创建指定范围内均匀分布的数组；np.zeros() 创建元素都是 0 的数组；np.eye() 创建对角线元素为 1 的数组；np.random.random() 生成 0~1 之间的随机浮点数组。

二、NumPy 数组的操作

1. 数组的运算

NumPy 数组可以看作向量，使用 NumPy 函数可以实现 NumPy 数组的加法、减法、数乘、内积等运算。例如：

```
arr = np.arange(5)          #创建0~4之间的等差数组(0,1,2,3,4)
arr1 = np.arange(1,6)       #创建1~5之间的等差数组(1,2,3,4,5)
print(arr * 2)
print(arr + arr1)
print(arr.dot(arr1))        #求数组的内积:对应元素相乘后求和
print(arr * arr1)           #数组对应元素相乘
```

执行结果如图 3-4 所示。

```
[0 2 4 6 8]
[1 3 5 7 9]
40
[ 0  2  6 12 20]
```

图 3-4　数组运算执行结果

2. 数组索引与切片

索引是用于对数组元素加以标注，以便更好地查找或操作。

```
arr = np.arange(10)         #创建0~9之间的等差数组
print(arr[5])               #用下标获取数组的元素
print(arr[3:5])             #用范围获取数组的切片,这里是获取第3、第4个元素
arr1 = np.array([[1,2,3,4],[4,5,6,7],[7,8,9,10]])
print(arr1[0,2:4])          #索引第0行中第2和第3列元素
print(arr1[:,2:4])          #索引所有行的第2和第3列元素
```

执行结果如图 3-5 所示。

```
5
[3 4]
[3 4]
[[ 3  4]
 [ 6  7]
 [ 9 10]]
```

图 3-5 数组索引与切片执行结果

3. 数组的矩阵操作

用 mat（）函数创建矩阵，dot（）函数进行矩阵相乘，X. T 表示矩阵 X 的转置。NumPy 线性代数库 linalg 中的 inv 函数可用于方阵求逆。

```
arr = np. arange(1,3)              #等差数组(1,2)
matr1 = np. mat("1,2;3,4")         #创建矩阵
print(matr1)
print(np. dot(arr,matr1))          #使用 dot 进行矩阵相乘
print(matr1. T)                    #求矩阵的转置
print(np. linalg. inv(matr1))      #求矩阵的逆
```

执行结果如图 3-6 所示。

```
[[1 2]
 [3 4]]
[[ 7 10]]
[[1 3]
 [2 4]]
[[-2.   1. ]
 [ 1.5 -0.5]]
```

图 3-6 数组矩阵运算执行结果

在 NumPy 中，np. mat（）创建的矩阵 Matrix 必须是二维的，但是 np. array（）可以是多维的，Matrix 是 arrays 的一个分支，包含于 arrays。所以矩阵拥有数组的所有特性。

4. 数组的形状操作

在对数组进行操作时，为了满足格式和计算要求，通常会改变其形状。可以通过 shape 属性改变数组形状，前提是变换前后元素个数必须保持一致。

```
array = np.arange(10)
print(array.shape)
array.shape = 2,5        #将数组形状改为 2 行 * 5 列
print(array)
```

执行结果如图 3-7 所示。

```
(10,)
[[0 1 2 3 4]
 [5 6 7 8 9]]
```

图 3-7　数组形状操作执行结果

三、NumPy 数组的统计分析功能

NumPy 提供了许多关于数组的统计函数，例如求和 sum ( )、求平均数 mean ( )、求最大值 max ( )、求最大值对应的下标 argmax ( )、求标准差 std ( )。

```
arr = np.array([1,3,6,4,2])
print(np.sort(arr))          #对 arr 数组排序
print(np.sum(arr))           #求 arr 元素的总和
print(np.mean(arr))          #求 arr 元素的均值
print(np.std(arr))           #求 arr 元素的标准差
print(np.argmax(arr))        #求 arr 最大元素的位置
```

执行结果如图 3-8 所示。

```
[1 2 3 4 6]
16
3.2
1.7204650534085253
2
```

图 3-8　一维数组统计分析执行结果

对二维数组来说，既可以对所有元素进行求和等统计，也可以对列或行进行统计，此时就需要额外再设置一个参数 axis，表示按照第几个维度进行计算。

```
arr2 = np.array([[1,2,3],[4,5,6]])      #2*3 数组
print(np.sum(arr2))                      #对所有元素求和
print(np.sum(arr2, axis=0))              #按列求和
print(np.sum(arr2, axis=1))              #按行求和
print(np.max(arr2, axis=1))              #按行求最大值
```

执行结果如图 3-9 所示。

```
21
[5 7 9]
[ 6 15]
[3 6]
```

图 3-9 二维数组统计分析执行结果

任务实施

一、实现思路

房价预测问题属于典型的回归模型的求解问题，由后续章节中线性回归问题的求解推导过程，可以列出各样本点的售价组成的向量 y、房子面积组成的矩阵 X 以及函数的参数向量 θ，它们之间的关系为 $y = X\theta$，求解参数的公式为 $\theta = (X^TX)^{-1}X^Ty$。

在本案例中 $y = [100, 120, 117, 125]$，每个样本的特征是房子面积，特征向量是 $x = (1, 房子面积)$，所以矩阵 $X = [[1, 100], [1, 150], [1, 130], [1, 160]]$，参数向量 $\theta = [\theta_0, \theta_1]$。于是可以利用 NumPy 数组计算来进行参数的求解。

二、程序代码

在下面的代码中，第一步，根据案例中的面积和房价数据构造了对应的数组 X 和 y；第二步，进行数组的转置、矩阵求逆和数组乘法等操作计算出了参数向量 θ；最后，为了直观展示房价拟合的效果，将样本点和拟合的直线通过绘图展示出来。

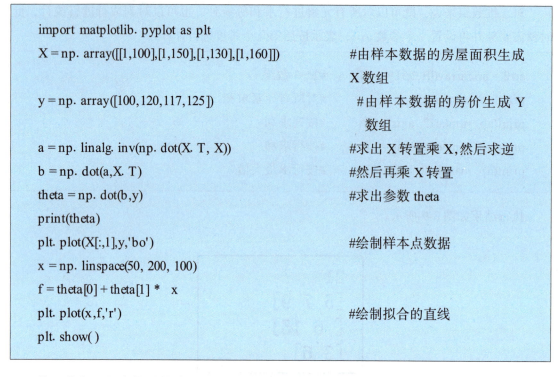

代码执行后的参数计算结果和房价数据拟合曲线如图 3-10 所示。可见房价模型的参数 θ_0 和 θ_1 分别是 61.5 和 0.4,所以房价模型的数学表达式就是 $y = 61.5 + 0.4x$,通过这个模型就可以根据新的房子样本的面积来预测其房价。

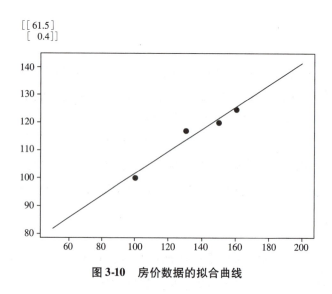

图 3-10 房价数据的拟合曲线

任务2 使用 NumPy 随机数设计猜数游戏

任务描述

由程序随机生成一个 20 以内的随机整数,让用户去猜该数是多少。程序共提供 3 次用户输入的机会,如果用户输入的数比该数小,程序则会提示"猜小了";如果输入的数比该数大,则提示"猜大了";如果输入的数等于该数,则提示"猜对了"。

任务目标

◆ 掌握 NumPy 库中随机数的使用方法

知识准备

NumPy 中提供了 random 模块来构造大量的随机数据,初始化参数、切分数据集、随机采样等操作都会用到随机模块。

一、生成随机浮点数和整数

1)np.random.rand(n),可以返回 n 个服从(0,1)之间均匀分布的随机浮点数。

2)np.random.rand(m,n),返回 m×n 的浮点数组。

3)np.random.randint(low,high = None,size = None,dtype = 'l'),返回[low,high)间的随机整数,dtype 是想要输出的格式,如 int64、int 等。如果没有填 high 参数则返回[0,low)间的值;size 是返回数据的尺寸,可以是 size = (2,4),则返回 2 行×4 列的数组,size = 3 则返回 3 个整数,如果不填则返回一个整数。

```
print(np.random.rand(3,2))              #参数3,2用于构建矩阵大小
print(np.random.randint(10,size = (5,4)))   #返回[0,10)间的随机整数,构成 5 行*
                                         4 列数组
print(np.random.rand())                  #返回一个随机值
print(np.random.randint(0, 10, 3))       #返回[0,10)之间的 3 个随机数
```

运行结果如图 3-11 所示。

```
[[0.33043356 0.67353177]
 [0.52012355 0.84537593]
 [0.51560771 0.31735613]]
[[0 9 7 3]
 [2 3 5 7]
 [1 6 1 7]
 [4 6 8 7]
 [8 2 9 6]]
0.45272293241037054
[3 1 5]
```

图 3-11 生成随机数

有时候希望进行随机操作，但却要求每次的随机结果都相同，这能办到吗？其实只要指定随机种子就可以。np.random.seed() 与 np.random.RandomState() 这两个在数据处理中比较常用的函数，两者实现的作用是一样的，都是使每次随机生成数一样。

```
np.random.seed(100)                #种子设成100
print(np.random.rand(3,2))
```

运行结果如图 3-12 所示。

```
[[0.54340494 0.27836939]
 [0.42451759 0.84477613]
 [0.00471886 0.12156912]]
```

图 3-12 设置随机种子并生成随机数组

这里每次都把种子设置成 100，说明随机策略相同，无论执行多少次随机操作，其结果都是相同的。大家可以选择自己喜欢的数字，不同的种子，结果是完全不同的。

二、生成服从正态分布的随机值

np.random.randn（d0, d1, d2, …, dn）可以返回一个或一组服从标准正态分布的随机样本值。标准正态分布是以 0 为均数、以 1 为标准差的正态分布，记为 N（0，1）。

当没有参数时，返回一个浮点数；当有多个参数时返回一个对应维度的多维数组，例如，randn（2，3）返回 2 行×3 列的数组。

任务实施

一、实现思路

首先利用 NumPy 的随机数功能 np.random.randint() 生成一个 1～20 之间的随机整数，提示用户输入自己猜的数，然后调用 input() 方法读取用户输入的数，与生成的数比较大小，并给出猜大了、猜小了或猜对了的提示。

二、程序代码

猜数游戏的代码如下，执行结果如图 3-13 所示。

```python
import numpy as np
realNumber    = np.random.randint(1,20)          #生成1到20之间的随机整数
for i in range(3):                               #给3次猜的机会
    guessNumber = int(input('请输入你猜的数:'))    #读入用户猜的数
    if guessNumber < realNumber:
        print('猜小了！')
    elif guessNumber > realNumber:
        print('猜大了！')
    else:
        print('恭喜你,猜对了！')
        break
```

```
请输入你猜的数：9
猜小了！
请输入你猜的数：17
猜小了！
请输入你猜的数：18
恭喜你，猜对了！
```

图 3-13 猜数游戏执行结果

任务3 使用Pandas展示苹果销量数据

任务描述

现有某地区苹果销量的一个数据文件,文件中有2000～2020年该地区苹果的销量、价格指数与当地居民收入的数据,数据共有21行、4列,任务是读出文件中的这些数据,使用DataFrame表格方式进行展示,并统计销量数据的最大值、最小值、平均值等信息,然后将读入的苹果销量数据按照销量对记录进行排序,最后将排序后的结果保存到一个新的csv文件中。

任务目标

- ◆ 掌握Series和DataFrame的创建和使用方法
- ◆ 掌握将csv文件中的数据读入DataFrame数据框的方法
- ◆ 掌握对DataFrame数据框的数据按列进行排序的方法
- ◆ 学习将DataFrame内容保存到文件的方法

知识准备

Pandas(Python Data Analysis Library)是以NumPy为基础构建的、用来分析结构化数据的程序包,其功能强大且提供了高级数据结构和数据操作工具。Pandas包含了数据读取、清洗、分析、矩阵运算以及数据挖掘等功能,最初用于金融数据分析,因其强大的功能而应用日益广泛,成为许多数据分析的基础工具。

一、序列Series

在Pandas中有两类重要的数据结构:序列(Series)和数据框(DataFrame)。Series类似于NumPy中的一维数组,并且其中每个数据对应一个索引值,可以使用一维数组中的函数或方法,也可以通过索引标签的方式获取数据,而且具有索引的自动对齐功能。

1. 通过一维数组的方式创建 Series

```
import numpy as np
import pandas as pd
s = pd.Series(np.arange(3))      #通过 NumPy 数组的方式创建序列
print(s)
ls = [3,7,5]
t = pd.Series(ls)                #通过 Python 列表的方式创建序列
print(t)
```

运行结果如图 3-14 所示。

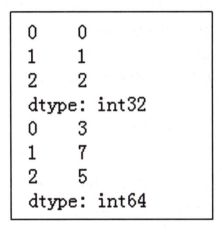

图 3-14 通过一维数组创建 Series

在上面的例子中分别通过 NumPy 的数组方式和 Python 的列表方法来创建了 Series，这里没有指定索引，因此索引值从 0 开始。当然也可以指定索引值，例如，t.index = ['a', 'b', 'c']。

2. 通过字典的方式创建 Series

```
dic1 = {'a':10, 'b':20, 'c':30, 'd':40, 'e':50}
pd.Series(dic1)
```

运行结果如图 3-15 所示。

```
a    10
b    20
c    30
d    40
e    50
dtype: int64
```

图 3-15　通过字典的方式创建 Series

可以看到每个元素的索引都是用字典中键来命名的。

3. Series 索引操作

Series 的索引数据有三种方法：loc（）方法通过行号列标签索引行数据，iloc（）方法通过行号列号索引行数据，ix（）方法通过行标签或行号索引数据（基于 loc 和 iloc 的混合）。

```python
s1 = pd.Series({'a':10, 'b':20, 'c':30, 'd':40, 'e':50})
print('按行号索引:',s1.iloc[1])          #按行号查找
print('按标签索引:',s1.loc['c'])         #按标签查找
s1['b'] = 21                             #修改数据
s1.replace(to_replace=21,value=22,inplace=True)
print(s1)
```

其中，Series.replace（to_replace，value，inplace）代表将 Series 中的 to_place 值替换为 value，inplace=True 代表在原 Series 上进行修改。

运行结果如图 3-16 所示。

```
按行号索引: 20
按标签索引: 30
a    10
b    22
c    30
d    40
e    50
dtype: int64
```

图 3-16　Series 索引操作

二、数据框 DataFrame

DataFrame 类似于 NumPy 的二维数组，同样可以使用 NumPy 数组的函数和方法。除此

之外还有数据排序、转置、缺失值处理等更灵活的操作应用。

1. 创建 DataFrame

DataFrame 可以由读写其他文件和数据库而创建，也可以通过直接输入数据而创建。

```
df = pd.DataFrame({'A':[11,21,31,41], 'B':[5,6,7,8], 'C':[0,1,0,1]})
print(df)
```

运行结果如图 3-17 所示。

```
   A   B  C
0  11  5  0
1  21  6  1
2  31  7  0
3  41  8  1
```

图 3-17　创建 DataFrame

可以看到这里采用字典的方式创建 DataFrame，并对每一列数据加了标签，输出结果中显示的是有标签、有索引的 DataFrame。DataFrame 的属性有很多，下面列举几种：

```
print('索引:',df.index)          #返回索引
print('列名:',df.columns)        #打印每一列特征的名字
print('类型:',df.dtypes)         #打印每一列的类型
print('取值:',df.values)         #直接取得数值矩阵
```

运行结果如图 3-18 所示。

```
索引: RangeIndex(start=0, stop=4, step=1)
列名: Index(['A', 'B', 'C'], dtype='object')
类型: A    int64
B    int64
C    int64
dtype: object
取值: [[11  5  0]
 [21  6  1]
 [31  7  0]
 [41  8  1]]
```

图 3-18　DataFrame 属性输出

另外，DataFrame 还可以通过二维数组直接创建，创建时会自动按列序号添加列名和索引：

```
ar = np. array([[1,2,3],[4,5,6]])
dfm = pd. DataFrame(ar)
print(dfm)
```

运行结果如图 3-19 所示。

```
   0  1  2
0  1  2  3
1  4  5  6
```

图 3-19　通过二维数组创建 DataFrame

2. 数据索引

对 DataFrame 数据，可以按列名获取某一列，可以通过 head ()、tail () 查看部分数据。

```
print(df['A'])          #按列名索引
print(df. head())       #查看前 5 行数据
print( df. tail(3) )    #查看后 3 行数据
```

运行结果如图 3-20 所示。

```
0    11
1    21
2    31
3    41
Name: A, dtype: int64
    A   B  C
0  11   5  0
1  21   6  1
2  31   7  0
3  41   8  1
    A   B  C
1  21   6  1
2  31   7  0
3  41   8  1
```

图 3-20　DataFrame 数据索引查看

可以看到读完数据后，最左侧会加入一列数字，这些在原始数据中是没有的，相当于给样本加上了索引。默认情况下都是用数字来作为索引,可以将其中某列设为索引,也可以通过索引获取某一部分具体数据。

```
df1 = df.set_index("A")              #将 A 列设为索引
print('索引后:\n',df1.head())
print('A/C 列:\n',df[['A','C']][:3])  #通过索引,获取前 3 行数据的 A、C 两列
print('第 0 行:\n',df.iloc[0])        #根据位置获取:取第 0 行数据
print('A=21 的数据:\n',df1.loc[21])   #A 列值查找
```

运行结果如图 3-21 所示。

```
索引后:
     B  C
A
11   5  0
21   6  1
31   7  0
41   8  1
A/C列:
     A  C
0   11  0
1   21  1
2   31  0
第0行:
 A    11
 B     5
 C     0
Name: 0, dtype: int64
A=21的数据:
 B     6
 C     1
Name: 21, dtype: int64
```

图 3-21 DataFrame 数据索引设置

与 Series 类似,也可以通过 iloc、loc、ix 方法进行索引。

```
df = pd.DataFrame({'A':[11,21,31,41], 'B':[5,6,7,8], 'C':[0,1,0,1]})
print('按行列号索引:',df.iloc[1,0])     #按行号列号查找
print('按标签索引:',df.loc[0,'B'])      #按标签查找
print(df.loc[df['A']>30,:])            #可以通过条件语句索引数据
```

运行结果如图 3-22 所示。

```
按行列号索引: 21
按标签索引: 5
   A   B  C
2  31   7  0
3  41   8  1
```

图 3-22 DataFrame 数据索引查找

不仅可以通过索引改值，还可以改索引，通过给 index 赋值或通过 rename() 函数来实现。

```
s1.index = ['aa','bb','cc','dd','ee']
print(s1.index)
s1.rename(index = {'aa':'AA'},inplace = True)
print(s1.index)
```

运行结果如图 3-23 所示。

```
Index(['aa', 'bb', 'cc', 'dd', 'ee'], dtype='object')
Index(['AA', 'bb', 'cc', 'dd', 'ee'], dtype='object')
```

图 3-23 DataFrame 索引修改

增加索引可以通过 append() 等方式实现。

```
ss1 = pd.Series({'a':10, 'b':20})
s2 = ss1.append(ss1)
s2['c'] = 40
print(s2)
```

运行结果如图 3-24 所示。

```
a    10
b    20
a    10
b    20
c    40
dtype: int64
```

图 3-24 DataFrame 排序操作

3. 数据的统计分析

可以对 DataFrame 进行均值、最大值、最小值等指标的分析。使用 describe() 函数也可以得到各项指标。

```
print(df.sum(axis=0))           #指定维度计算总和,默认是按列计算
print(df['A'].value_counts())   #统计该列所有属性的个数
df.describe()                   #指标统计
```

运行结果如图 3-25 所示。

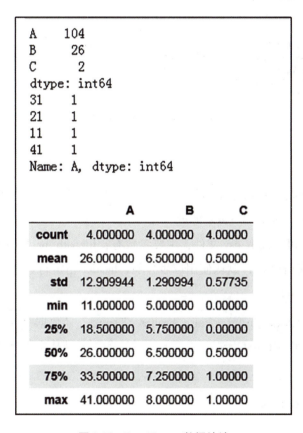

图 3-25　DataFrame 数据统计

使用 cut() 可以对数据进行分箱操作。下面的例子中首先创建了一个年龄数组，然后指定 3 个判定值，接下来用这 3 个值把数据分组，也就是（10，40］、（40，80］这两组，返回的结果分别表示当前年龄属于哪一组。还可以定义分组的标签，查看数据分类后所属的标签。

```
ages = [15,18,20,21,22,34,41,52,63,79]
bins = [10,40,80]
bin_res = pd.cut(ages, bins)
print(bin_res)                          #输出分组情况
grpnames = ['Youth', 'Old']             #设置分组标签
bin_res = pd.cut(ages,bins,labels = grp_names)
print(bin_res)
```

运行结果如图 3-26 所示。

```
[(10, 40], (10, 40], (10, 40], (10, 40], (10, 40], (10, 40], (40, 80], (40, 80], (40, 80], (40, 80]]
Categories (2, interval[int64]): [(10, 40] < (40, 80]]
[Youth, Youth, Youth, Youth, Youth, Youth, Old, Old, Old, Old]
Categories (2, object): [Youth < Old]
```

图 3-26　DataFrame 分箱操作

4. 文件操作

to_csv () 方法可以将 DataFrame 数据存入 csv 文件中，只要指定文件名即可，若不需要保存索引，设置 index = None 或 False 即可。

read_csv () 方法可以读取 csv 文件，主要参数有：filepath_or_buffer 是文件路径或数据缓存地址；sep 是指定分隔符，默认使用逗号分隔；header 指定行数来作为列名，默认为 0，当没有列名时设置为 None。

```
df.to_csv('./df_test.csv',index = False, header = True)   #数据存入文件
dff = pd.read_csv('./df_test.csv')                        #从文件读出
print(dff)
```

运行结果如图 3-27 所示。

```
    A   B   C
0  11   5   0
1  21   6   1
2  31   7   0
3  41   8   1
```

图 3-27　DataFrame 文件操作

5. merge 拼接

merge ( ) 方法用于两表拼接或者又称数据列关联，类似于数据库中多表连接，主要参数：left 是第一个 DataFrame，right 是第二个 DataFrame，on 是连接的字段，也可以通过 left_on 和 right_on 单独设置两个表连接的字段，how 指定连接形式，有左连接、右连接、外连接等，默认是内连接。

```
pd1 = pd. DataFrame( {'key':['k0','k1'],'A':['a0','a1'],'B':['b0','b1']})
pd2 = pd. DataFrame({'key':['k0','k2'],'C':['c0','c1'],'D':['d0','d1']})
print(pd1)
print(pd2)
res1 = pd. merge(pd1,pd2,on = 'key')           #扔掉 key 值不同的行
print(res1)
```

运行结果如图 3-28 所示。

```
   key   A    B
0  k0   a0   b0
1  k1   a1   b1
   key   C    D
0  k0   c0   d0
1  k2   c1   d1
   key   A    B    C    D
0  k0   a0   b0   c0   d0
```

图 3-28　DataFrame 拼接扔掉不同 key 值

可以看到合并的结果中 key 值相同的行都组合在一起了，而不同的行被抛弃了。如果想保留所有结果，则需要设置 how 参数；还可以加入详细的组合说明，指定 indicator 参数为 True 即可。how 参数还可以是 'left' 或 'right'，分别表示以左边或右边的数据为准，也就是保留左边或右边的所有数据。

```
res2 = pd. merge(pd1,pd2,on = 'key',how = 'outer',indicator = True)    #保留 key 值不同的行
print(res2)
```

运行结果如图 3-29 所示。

```
      key   A    B    C    D      _merge
  0   k0    a0   b0   c0   d0       both
  1   k1    a1   b1   NaN  NaN    left_only
  2   k2    NaN  NaN  c1   d1    right_only
```

图 3-29　DataFrame 拼接保留不同 key 值

6. 排序操作

排序的时候，可以指定升序或者降序，还可以指定按照多个指标排序。

```
data = pd. DataFrame( {'group':['a','a','b','b','c','c'],'data':[4,3,12,3,5,7]})
data. sort_values(by = ['group','data'],ascending = [False,True])
```

运行结果如图 3-30 所示。

```
     group   data
  4    c       5
  5    c       7
  3    b       3
  2    b      12
  1    a       3
  0    a       4
```

图 3-30　DataFrame 排序操作

任务实施

一、实现思路

实现本任务需要以下步骤：首先使用 Pandas 的 read_csv () 读取 data 目录下的 app. csv 文件数据来创建 DataFrame 并展示数据；然后调用 DataFrame 的 describe () 方法展示数据的最大值、最小值、平均值等统计信息。接下来调用 DataFrame 的 sort_values () 方法按 apple

列、year 列进行排序，最后将排序的结果输出到一个新的 apple_sort.csv 文件中。

二、程序代码

首先通过 read_csv() 读入 data 目录下的 apple.csv 文件，内容读入到 DataFrame 类型的变量 df_apple 中，然后通过打印 df_apple 来展示文件内容，代码及展示的文件内容如下。

```
df_apple = pd.read_csv('./data/apple.csv')
print(df_apple)
```

运行结果如图 3-31 所示。

	year	apple	price	income
0	2000	12.8	50.2	1606
1	2001	12.3	71.3	1513
2	2002	13.1	81.0	1567
3	2003	12.9	76.2	1547
4	2004	13.8	80.3	1646
5	2005	13.2	79.2	4705
6	2006	13.7	82.3	1798
7	2007	14.2	84.1	1823
8	2008	14.5	85.2	1812
9	2009	13.6	90.1	1953
10	2010	13.8	88.6	2105
11	2011	13.1	92.3	2215
12	2012	13.2	91.6	2301
13	2013	14.2	93.9	2294
14	2014	14.8	98.6	2415
15	2015	14.3	102.6	2486
16	2016	14.5	111.2	2512
17	2017	14.6	114.3	2534
18	2018	14.9	115.5	2605
19	2019	14.7	117.6	2614
20	2020	14.8	116.5	2623

图 3-31　文件数据展示

可以看到，文件中保存了 2000 年到 2020 年的共 21 条记录，每条记录包括 year、apple、price、income 四个数据。输出 df_apple 的 apple 列的最大值、最小值和平均值，然后调用 DataFrame 的 describe（）方法展示统计数据。

```
print('销量最大值:',df_apple['apple']. max())
print('销量最小值:',df_apple['apple']. min())
print('销量平均值:',df_apple['apple']. mean())
df_apple. describe()
```

运行结果如图 3-32 所示。

```
销量最大值: 14.9
销量最小值: 12.3
销量平均值: 13.857142857142858
```

	year	apple	price	income
count	21.000000	21.000000	21.000000	21.000000
mean	2010.000000	13.857143	91.552381	2222.571429
std	6.204837	0.773027	17.167371	693.469146
min	2000.000000	12.300000	50.200000	1513.000000
25%	2005.000000	13.200000	81.000000	1798.000000
50%	2010.000000	13.800000	90.100000	2215.000000
75%	2015.000000	14.500000	102.600000	2512.000000
max	2020.000000	14.900000	117.600000	4705.000000

图 3-32 数据统计

然后调用 DataFrame 的 sort_values（）方法按 apple 列、year 列进行排序并查看排序结果。

```
df1 = df_apple. sort_values(by = ['apple','year'])
print(df1)
```

运行结果如图 3-33 所示。

```
    year  apple  price  income
1   2001  12.3   71.3   1513
0   2000  12.8   50.2   1606
3   2003  12.9   76.2   1547
2   2002  13.1   81.0   1567
11  2011  13.1   92.3   2215
5   2005  13.2   79.2   4705
12  2012  13.2   91.6   2301
9   2009  13.6   90.1   1953
6   2006  13.7   82.3   1798
4   2004  13.8   80.3   1646
10  2010  13.8   88.6   2105
7   2007  14.2   84.1   1823
13  2013  14.2   93.9   2294
15  2015  14.3   102.6  2486
8   2008  14.5   85.2   1812
16  2016  14.5   111.2  2512
17  2017  14.6   114.3  2534
19  2019  14.7   117.6  2614
14  2014  14.8   98.6   2415
20  2020  14.8   116.5  2623
18  2018  14.9   115.5  2605
```

图 3-33　数据排序

可以看到通过 sort_values（）实现了对记录按销量从小到大的排序。最后调用 to_csv（）方法将排序的结果输出到一个新的 apple_sort.csv 文件中。

```
df1.to_csv('./data/apple_sort.csv')
```

任务 4　使用 Matplotlib 绘制商品统计图形

任务描述

现有一个商场部分商品的销量数据，见表 3-2。其中，衬衫 10 件，羊毛衫 25 件，雪纺衫 8 件，裤子 60 件，高跟鞋 20 件，袜子 80 件。

表 3-2　某商场的商品销量数据

商品	数量/件
衬衫	10
羊毛衫	25
雪纺衫	8
裤子	60
高跟鞋	20
袜子	80

为了便于统计和对比，还需要绘制出这些商品销量的折线图、柱状图、饼图等，并且要求在第一行绘制折线图和柱状图，在第二行绘制饼图。

任务目标

- ◆ 掌握图形的颜色、线条形状、线条宽度等设置方法
- ◆ 掌握 Matplotlib 包的调用及图形显示方法
- ◆ 掌握绘制图形时中文显示的设置方法
- ◆ 掌握散点图、曲线图的绘制方法
- ◆ 掌握直方图、柱状图的绘制方法
- ◆ 掌握绘制直方图、柱状图时控制参数的含义和对绘图结果的影响
- ◆ 掌握饼图的绘制方法
- ◆ 掌握绘制饼图时控制参数的含义和对绘图结果的影响
- ◆ 掌握在一张图上绘制多个子图的方法
- ◆ 掌握子图绘制时每行子图个数不相同的处理方法

知识准备

Matplotlib 是 Python 中最常用的一种可视化程序包，可以非常方便地创建海量类型的 2D 图表和一些基本的 3D 图表。它充分利用了 Python 科学计算软件包 NumPy 等的快速精确的矩阵运算能力，设计了大量类似 Matlab 中的绘图函数，并充分利用了 Python 语言的简洁优美和面向对象的特点，使用起来非常方便。借助 Python 语言的强大功能，它不仅具有不亚于 Matlab 的作图能力，还具有胜于 Matlab 的编程能力。

Matplotlib API 函数都位于 matplotlib.pyplot 模块中，一般设置别名为 plt，即 import matplotlib.pyplot as plt。同时，需要设置正常显示中文和负号。Matplotlib 默认情况下不支持中文，如果不设置中文字体则图形中的中文标签将不能正常显示。

一、绘制散点图和曲线图

散点图就是由函数一系列自变量和因变量组成的多个坐标点,可以使用 plt.scatter (x,y) 函数绘制一组数据点的散点图,函数的两个参数分别是这组点的横坐标与纵坐标。曲线图也可称为折线图,plt.plot (x,y) 函数为绘制曲线,如果只输入纵横坐标点的参数而无其他设置,如线条形状、颜色等,则默认为蓝色的折线图。可以通过设置来改变曲线的颜色、线条形状、线条样式等。

例如,plt.plot (x,y,color='green',linewidth=2.0,linestyle='-.')。

常用线条的样式有: - 实线; -- 虚线; . 点; o 圆圈; < 左三角; > 右三角; ^ 上三角; ∨ 下三角; * 星形; × 叉。

常用颜色有: b 蓝色; g 绿色; r 红色; y 黄色; k 黑色; w 白色。

另外,可以通过 plt.legend () 函数来显示图例;通过 plt.grid (True) 函数来设置网格线;通过 plt.xlim ()、plt.ylim () 来设置横坐标、纵坐标上下限;通过 plt.xlable () 和 plt.ylable () 来设置横纵坐标的标识。

下面通过一个例子在坐标系内绘制出正弦函数的散点图和曲线图。首先需要设置绘图的中文参数用于在图上显示图例中文说明。然后构造 ($-\pi$,π) 之间的自变量数组,并使用 NumPy 的 sin () 函数生成自变量对应的正弦函数值数组,最后调用 plt.scatter () 和 plt.plot () 函数分别绘制散点图和曲线图,并显示图形。

绘制正弦函数散点图和曲线图的代码及执行结果如下:

```
import matplotlib.pyplot as plt          #导入matplotlib库
import numpy as np
#设置matplotlib正常显示中文和负号
plt.rcParams['font.sans-serif']=['SimHei']      # 用黑体显示中文
plt.rcParams['axes.unicode_minus']=False        # 正常显示负号
x=np.arange(-np.pi,np.pi,0.1)                   #创建横坐标数据的数组
y=np.sin(x)                                     #纵坐标函数值
plt.scatter(x,y)                                #绘制散点图
plt.plot(x,y,color='r')                         #绘制曲线图形
plt.show()
```

在上面的例子中,通过设置 plt.rcParams 属性来设置图形中中文的字体和数值的负号。使用 plt.scatter (x,y) 函数绘制了一组数据点的散点图,函数的两个参数分别是这组点的横坐标与纵坐标。plt.plot (x,y) 函数为绘制曲线,如果只输入纵横坐标点的参数而无其他设置,如线条形状、颜色等,则默认为蓝色的折线图。代码执行结果如图 3-34 所示。

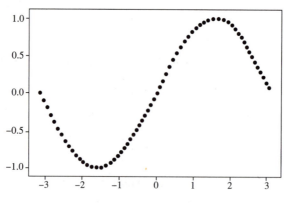

图 3-34 散点图和曲线图绘制结果

二、绘制直方图和柱状图

直方图是一种统计报告图,由一系列高度不等的长方形或线段表示数据分布的情况。一般用纵轴表示数据类型,横轴表示分布情况。用 Matplotlib 绘制的直方图一般指的是频数分布直方图,也就是说,长方形的宽度表示对应组的组距,长方形的高度表示该组的频数。

使用 hist() 方法可制作频数直方图,常用参数:data 是图数据;bins 是直方图的长方形数目,默认为 10;rwidth 用于调整长方形的间距;normed 设置是否将得到的直方图向量归一化,默认为 0,代表不归一化,显示频数,当 normed = 1,表示归一化,显示频率;facecolor 是长方形的颜色;alpha 是透明度。

柱状图也称条形图,是用长方形表示每一个类别,长方形的长度表示类别的频数,宽度表示类别。柱状图一般用于展现横向的数据变化及对比。

使用 bar() 方法可制作条形图,常用参数:left 是长方形中点横坐标;height 是长方形高度;width 是长方形宽度,默认为 0.8;color 是颜色,label 是标签。

下面通过一个例子来绘制一个随机数序列的直方图和两组数据的柱状图。绘制直方图时先调用 np.random.randn() 生成一系列随机数,然后调用 plt.hist() 绘制直方图,并指定图中长条的数目、颜色及透明度。绘制柱状图时,先生成两类物品在 2015~2018 年度的数据,然后以年度为横轴、数据量为纵轴绘制柱状图,同一年度内两类物品的柱子要并排绘制以方便比较,横轴的不同年度的柱子间要增加一定的间隔。

绘制直方图的代码如下,执行结果如图 3-35 所示。

```
data = np.random.randn(1000)           #随机生成 1000 个服从正态分布的数据
plt.hist(data, bins = 30, facecolor = 'b', alpha = 0.7)   #设置显示参数
plt.xlabel('区间')                      #设置 x 轴标签
plt.ylabel('频数')                      #设置 y 轴标签
plt.title('频数分布直方图')              #设置标题
plt.show()                              #显示直方图
```

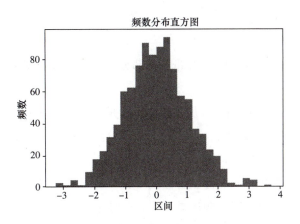

图 3-35 直方图绘制结果

绘制柱状图的代码如下，执行结果如图 3-36 所示。

```
num_list1 = [20, 30, 15, 35]              #纵坐标值 1
num_list2 = [15, 30, 40, 20]              #纵坐标值 2
x = range(len(num_list1))                 #横坐标数组
plt. bar(x, num_list1, width = 0. 4, color = 'red', label = 'one')
                                          #绘制第一组数的条形图
plt. bar([xi + 0. 4 for xi in x], num_list2, width = 0. 4, color = 'green', label = 'two')
                                          #绘制第二组数的条形图
plt. xticks([xi + 0. 2 for xi in x], ['2015', '2016', '2017', '2018'])
                                          #指定 x 轴内容
plt. legend(loc = 'upper left')           #设置图例位置
plt. show( )
```

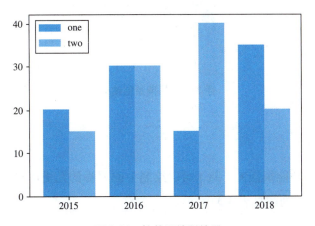

图 3-36 柱状图绘制结果

三、绘制饼图

饼图可以比较清晰、直观地反映出部分与部分、部分与整体之间的数量关系,从而显示每组数据相对于总数的大小。

使用 pie() 方法可制作饼图,常用参数:data 是各部分大小;explode 是设置各部分的突出程度;labels 设置各部分标签;colors 设置各部分颜色;labeldistance 设置标签文本距圆心位置,1.1 表示 1.1 倍半径;autopct 设置圆里面的文本;shadow 设置是否有阴影。

本任务给出一组数据和它们的标签名称,要求调用 Matplotlib 中的方法绘制出这组数据的饼图,使得不同的数据用不同的颜色显示,并在对应的饼图块上显示数据所占的百分比,同时将占比最大的部分突出显示。先生成一组数据以及它们对应的标签名,然后设置数组中各数据在饼图中的颜色以及突出显示的程度,最后调用 plt.pie() 方法绘制饼图,并设置饼图中数据显示的百分比格式。

绘制饼图的代码如下,执行结果如图 3-37 所示。

```
label_list = ['one', 'two', 'three']
size = [55, 35, 10]                    #各部分大小
color = 'rgb'                          #各部分颜色
explode_list = [0.05, 0, 0]            #各部分突出值
plt.pie(size, explode = explode_list, colors = color, labels = label_list, autopct = '% d')
plt.show()
```

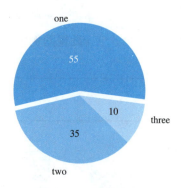

图 3-37 饼图绘制结果

四、绘制其他图形

Matplotlib 的绘图功能很强大,除了可以绘制上面列举的几类图形外,还有很多方法来绘制不同的形状,简单列举见表 3-3。

表 3-3　Matplotlib 中的其他常用方法

方法	功能	用法举例
plt. plot_surface	绘制三维表面图	plot_surface（X，Y，Z） 在三维坐标系中绘制（X，Y，Z）数组内的数据
plt. Rectangle	绘制矩形图	plt. Rectangle（（0.1，0.1），0.5，0.3） 绘制以（0.1，0.1）为左下方起点坐标、宽 0.5、高 0.3 的矩形
plt. Circle	绘制椭圆	plt. Circle（（0，0），2） 绘制以原点为圆心、2 为半径的圆
plt. Polygon	绘制多边形	plt. Polygon（[[0.1，0.1]，[0.3，0.4]，[0.2，0.6]]） 绘制以给定的三组坐标为顶点的三角形
plt. savefig	将绘制的图画保存成图片	plt. savefig（'test'，dpi=600） 将绘制的图形保存为 test. png

五、绘制子图

要在一个 figure 图形对象中包含多个子图，会用到 subplot（）函数，它的调用方法为：subplot（numbRow, numbCol, plotNum）或者 subplot (numbRow numbCol plotNum)，可以将参数用逗号分隔开来，或者不用逗号分开直接写在一起。其中，numbRow 是 plot 图的行数；numbCol 是 plot 图的列数；plotNum 是指第几行第几列的第几幅图。

例如，如果是 subplot (2，2，1)，那么这个 figure 就是个 2×2 的矩阵图，也就是共有 4 个图，1 就代表了第一幅图。而写成 subplot（221）也是可以的。

另外有个类似的函数 subplots (numbRow，numbCol，figsize，dpi)，它返回一个 figure 图像和子图的 array 列表，而 subplot 返回的是当前的子图。

任务实施

一、实现思路

在下面的代码中根据案例的数据构造了商品名称数组、商品数量数组，然后使用 subplots 创建 2×2 的图片区域，分别展示商品的折线图、柱状图和饼图。

二、程序代码

绘制几类商品数量的折线图、柱状图、饼图的代码如下，执行结果如图 3-38 所示。

```python
v = [10, 25, 8, 60, 20, 80]
attr = ["衬衫", "羊毛衫", "雪纺衫", "裤子", "高跟鞋", "袜子"]
#plt.subplots()是一个函数,返回一个包含figure和axes数组对象的元组
figure, axes = plt.subplots(2,2,figsize=(18,12),dpi=100)
axes[0][0].plot(attr,v,color='r')
axes[0][0].set_title('折线图')
axes[0][0].set_xlabel("类别")    #显示横轴标签
axes[0][0].set_ylabel("销量")    #显示纵轴标签
axes[0][1].bar(attr, v, width=0.4, alpha=0.8, color='green', label="v1")
axes[0][1].set_xlabel("类别")    #显示横轴标签
axes[0][1].set_ylabel("销量")    #显示纵轴标签
plt.subplot(212)
plt.pie(v, labels=attr, colors='rgbcmy',autopct='%3.2f%%')
```

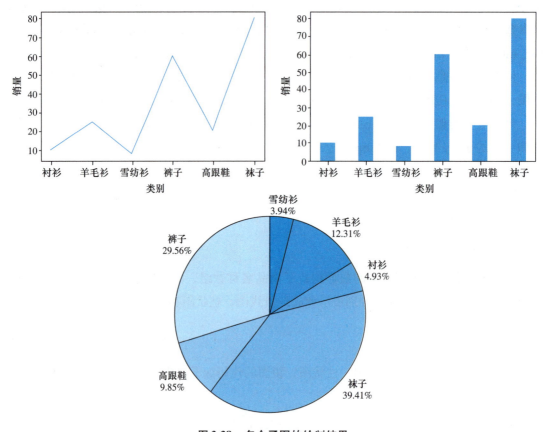

图 3-38　多个子图的绘制结果

单元 3
Python常用工具包

任务 5　使用 Sklearn 生成自定义数据集

任务描述

本任务是使用 Sklearn 生成一个用于分类模型的模拟数据集。数据集中含有 400 个样本，分为 3 个类别，每个样本含有 2 个特征。生成模拟数据集后，对数据集中的数据进行展示和数据分析，调用 Sklearn 中的分类算法进行模型训练和分类预测，通过 2 个特征预测各测试样本属于 3 个类别中的哪一类。

任务目标

- ◆ 掌握 Sklearn 中自带数据集的加载方法
- ◆ 学习使用 Sklearn 生成随机数据集的方法
- ◆ 掌握 Sklearn 中机器学习算法的调用步骤
- ◆ 学习 Sklearn 各种不同算法的使用方法

知识准备

Scikit-learn 简称 Sklearn，发布于 2007 年，它是一个简洁、高效的算法库，提供一系列的监督学习和无监督学习的算法，以用于机器学习、数据挖掘和数据分析。Sklearn 提供了几乎所有机器学习算法的开源程序包，提高了开发者在机器学习中的计算效率。

Sklearn 工具库中包含许多简单实用的数据集，见表 3-4。这些数据集的特征数都不多，且数据量不大，可以用作简单的算法效果测试。

表 3-4　Sklearn 中的数据集

数据集	导入函数	适合算法
波士顿房价数据集	load_boston	回归
鸢尾花数据集	load_iris	分类
糖尿病数据集	load_diabetes	回归
手写数字识别数据集	load_digits	分类
健身数据集	load_linnerud	回归
乳腺癌数据集	load_breast_cancer	分类

一、数据集的加载

在这里以鸢尾花数据集（iris）为例，演示如何加载自带数据集。首先加载数据集并展示数据，执行结果如图 3-39 所示。

```python
import numpy as np
from sklearn import datasets
iris = datasets.load_iris()           #加载鸢尾花数据集
print(iris.keys())                    #显示数据集的主键信息
print(iris.target_names)              #显示鸢尾花的目标类型
print(iris.feature_names)             #显示鸢尾花的特征类型
#按 DataFrame 输出样本数据
import pandas as pd
df = pd.DataFrame(iris.data, columns = iris.feature_names)
df['class'] = iris.target
df.head()
```

```
dict_keys(['data', 'target', 'target_names', 'DESCR', 'feature_names', 'filename'])
['setosa' 'versicolor' 'virginica']
['sepal length (cm)', 'sepal width (cm)', 'petal length (cm)', 'petal width (cm)']
```

	sepal length (cm)	sepal width (cm)	petal length (cm)	petal width (cm)	class
0	5.1	3.5	1.4	0.2	0
1	4.9	3.0	1.4	0.2	0
2	4.7	3.2	1.3	0.2	0
3	4.6	3.1	1.5	0.2	0
4	5.0	3.6	1.4	0.2	0

图 3-39　鸢尾花数据集展示

鸢尾花数据集中的数据样本中包括了 4 个特征变量、1 个类别变量，样本总数为 150。目标是根据花萼长度（sepal length）、花萼宽度（sepal width）、花瓣长度（petal length）、花瓣宽度（petal width）这 4 个特征来识别出鸢尾花属于山鸢尾（iris-setosa）、变色鸢尾（iris-versicolor）和维吉尼亚鸢尾（iris-virginica）中的哪一种。

代码中 datasets.load_iris() 用来加载该数据集。通过输出 iris.keys() 展示了数据的主键信息，其中 data 是样本特征值数组，target 是目标值数组（0、1、2 分别表示上述 3 种类型），target_names 是目标名称即花的种类，feature_names 是特征名称。然后使用 DataFrame

输出了部分样本的数据。

二、数据集的划分

在监督学习中，数据集一般包含训练集和测试集，训练集即是用来训练模型的数据集合，测试集即是衡量模型效果的数据集合。可以形象地理解为训练集是学生们复习使用的模拟试题，而测试集是真正的考试试题，在考试前学生们是肯定不知道试题内容的，只有老师知道试题答案。

一般情况下，为了使模型泛化能力更强，还会在训练集中留出一部分数据作为验证集来检验模型，相当于学生们复习使用的模拟试题留出一两套来做模拟考试，自我检查学习的效果。

划分训练集和测试集通常有3种方法：留出法、交叉验证法和自助法（也可以用于划分训练集和验证集）。

1. 留出法

留出法在尽可能保持数据分布一致性的前提下，将数据集 D 划分为互斥的训练集 S 和验证集 T（这种抽样方法也称为分层抽样）。如果数据集有1000个数据，包含700个正例和300个反例，并且 S 有700个数据，T 有300个数据，那么 S 最终应当有490个正例和210个反例。一般情况下，取 2/3~4/5 的样本用于训练，剩余的样本用于测试。

2. 交叉验证法

将训练集进行分层抽样，产生多个互斥子集：$D = D_1 \cup D_2 \cup \cdots \cup D_k$。每次使用 k-1 个子集的并集作为训练集，剩余的子集作为测试集，这样就可以获得 k 组训练集/测试集，从而可以进行 k 次训练和测试，最终返回 k 个测试结果的平均值。示意图如图3-40所示。交叉验证法的结果的稳定性在很大程度上取决于 k，所以通常把交叉验证法称为 k 折交叉验证，图3-40即为10折交叉验证。常见的 k 的取值有：5、10、20。

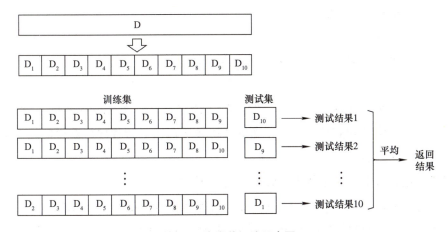

图3-40 交叉验证法示意图

有一种特殊的交叉验证法称为留一法，指的是 k 等于数据集样本总数 n。由于留一法中的训练集 S 与数据集 D 很接近，S 所训练出来的模型应该与 D 所训练出来的模型很接近，因此通常留一法得到的结果是比较准确的。但是当数据集很大的时候，训练 m 个模型的计算开销可能是巨大的。

3. 自助法

自助法不同于留出法和交叉验证法，使用有放回重复采样的方式（bootsrap）进行数据采样。具体来说，每次从数据集 D 中选取一个样本作为训练集中的元素，然后把该样本放回，重复该行为 m 次，这样就可以得到大小为 m 的训练集 D′。因此，训练集中可能有样本会重复出现。把数据集里在训练集中没有出现过的样本作为测试集，这就完成了数据集的划分。这种方法对于数据集小、难以有效划分训练集/测试集的时候很有用，但是该方法改变了数据的初始分布，会引入偏差。

三、生成自定义数据集

sklearn.datasets 提供了一套函数，用于根据测试需要生成具有自定义特征的模拟数据集的方法，生成的模拟数据集可以用于算法测试。

1. 生成回归模型数据集

> datasets.make_regression(n_samples = 100,n_features = 100,n_informative = 10, n_targets = 1,noise = 0.0,shuffle = True, coef = False,random_state = None)

参数说明：

n_samples：待生成的样本点的个数，默认值是 100。

n_features：每个样本的特征数。

n_informative：参与建模的特征数。

n_targets：因变量的个数。

noise：噪声、异常点的比例。

shuffle：是否将数据进行洗乱，默认值是 True。

coef：是否输出 coef 标识。

random_state：随机生成器的种子，给定种子值之后，每次生成的数据集就是固定的。若不给定值，则由于随机性将导致每次运行程序所获得的结果可能有所不同。

返回值：包含 X 和 y 两个数组，其中 X 是生成的 n_samples 行 × n_features 列的样本数据集，y 是含 n_samples 个元素的样本数据集标签的一维数组。

下面是生成一组回归数据的例子，执行结果如图 3-41 所示。

```
import matplotlib.pyplot as plt
from sklearn import datasets
#生成1000个样本,每个样本1个特征
x,y = datasets.make_regression(n_samples=1000,n_features=1,noise=10,random_state=1)
plt.scatter(x,y,c='b',s=3)    #s:设置点的大小,默认为20,这里由于点数较多,分布较为密集,将其修改为3
plt.show()
```

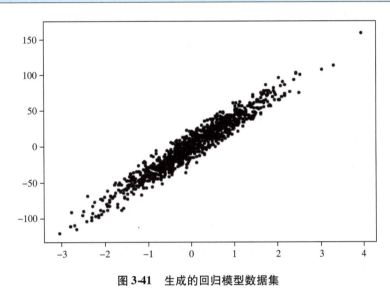

图 3-41 生成的回归模型数据集

2. 生成符合正态分布的聚类数据

```
datasets.make_blobs(n_samples=100, n_features=2, centers=3, cluster_std=1.0, center_box=(-10.0, 10.0), shuffle=True, random_state=None)
```

该函数是为聚类产生数据集,产生一个数据集和相应的标签。其中各参数的含义如下:

n_samples:待生成的样本点的个数,默认值是100。

n_features:每个样本的特征数,默认值是2。

centers:表示类别数(标签的种类数),默认值是3。

cluster_std:是浮点数或者浮点数序列,默认值是1.0,表示每个类别的方差,例如,如果希望生成2类数据,其中一类比另一类具有更大的方差,则可以将 cluster_std 设置为 [1.0, 3.0]。

center_box:中心确定之后的数据边界,默认值是(-10.0, 10.0)。

shuffle:是否将数据进行洗乱,默认值是True。

random_state：随机生成器的种子。

下面是生成一组聚类数据的例子，执行结果如图 3-42 所示。

```
#生成样本数为100,含有2个特征、2个标签的数据集
x,y = datasets.make_blobs(100,2,centers = 2,random_state = 2,cluster_std = 1.5)
#以样本的第一个特征为 x 轴,第二个特征为 y 轴进行绘图
plt.scatter(x[:,0], x[:,1], c = y, s = 50, cmap = 'RdBu')
plt.show()
```

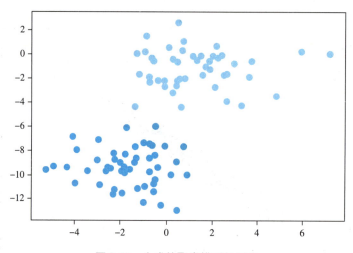

图 3-42　生成的聚类模型数据集

3. 生成同心圆样本点

```
datasets.make_circles(n_samples = 100, shuffle = True, noise = 0.04, random_state = None, factor = 0.8)
```

参数说明：

n_samples：样本点数目，默认值是 100。

shuffle：是否将数据进行洗乱，默认值是 True。

noise：数据中高斯噪声的标准差，默认值为 0.04。

random_state：随机生成器的种子。

factor：内外圆大小的比例因子，越大越接近，上限为 1。

下面是生成一组同心圆数据的例子，执行结果如图 3-43 所示。

```
#生成样本数为500,内外圆大小比例为0.6
x, y = datasets.make_circles(n_samples = 500, shuffle = True, noise = 0.03, random_state = 1, factor = 0.6)
#以样本的第一个特征为 x 轴,第二个特征为 y 轴进行绘图
```

```
plt. scatter(x[:,0], x[:,1], c = y, s = 7, cmap = 'RdBu')
plt. show( )
```

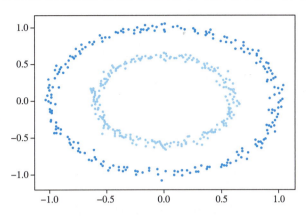

图 3-43　生成的同心圆模型数据集

4. 生成分类模型数据集

```
datasets. make_classification(n_samples =100, n_features =20, n_informative =2, n_redundant
=2,n_repeated =0, n_classes =2, n_clusters_per_class =2, weights =None,flip_y =0. 01, class_
sep =1. 0, hypercube =True,shift =0. 0, scale =1. 0,shuffle =True, random_state =None)
```

通常用于分类算法的测试。其中各参数的含义如下：

n_samples：生成的样本点数目。

n_features：样本特征的个数 = n_informative + n_redundant + n_repeated。

n_informative：多信息特征的个数。

n_redundant：冗余信息，informative 特征的随机线性组合。

n_repeated：重复信息，随机提取 n_informative 和 n_redundant 特征。

n_classes：生成的分类数据类别的数量。

n_clusters_per_class：某一个类别是由几个 cluster 构成的。

shuffle：是否将数据进行洗乱，默认值是 True。

random_state：随机生成器的种子。

下面是生成一组分类数据的例子，执行结果如图 3-44 所示。

```
#生成样本数为 500,含有 20 个特征、2 个分类的数据集
x,y = datasets. make_classification(500, n_features =20,n_classes =2,random_state =2)
#以样本的第一个特征为 x 轴,第二个特征为 y 轴进行绘图
plt. scatter(x[:,0], x[:,1], c = y, s = 7, cmap = 'RdBu')
plt. show( )
```

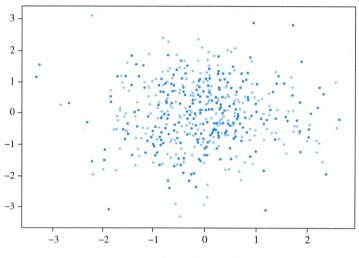

图 3-44　生成的分类数据模型数据集

Sklearn 包含了大量的机器学习算法模块或函数，在对数据进行训练时大多数算法或函数都可以直接调用，实现对机器学习算法的应用，使用者在此基础上对函数内的相关参数进行调整，来实现对算法的优化。这一过程大大简化了使用者的工作。在实际应用中，大多数使用者都是在基础算法的条件上，通过调整参数来优化算法。因此，学会了 Sklearn 算法库中的基本内容，也就掌握了机器学习的一些基础算法的应用。

四、Sklearn 中的机器学习算法

Sklearn 中提供了相当全面的机器学习基本算法，既包括监督式学习算法，也包括无监督学习算法。Sklearn 算法选择路径图如图 3-45 所示。

Sklearn 支持包括分类、回归、聚类和降维四大机器学习算法，以及特征提取、数据处理和模型评估三大模块。其中：

常用的回归算法：线性回归、岭回归（Ridge）、Lasso 回归、多项式回归、支持向量机回归（SVR）。

常用的分类算法：线性判别分析、决策树、支持向量机分类（SVC）、KNN、朴素贝叶斯、集成分类（随机森林、Adaboost、GradientBoosting、Bagging、ExtraTrees）、逻辑回归。

常用的聚类算法：K 均值（K-means）、层次聚类（Hierarchical clustering）、DBSCAN。

常用的降维算法：线性判别分析法 LDA（Linear Discriminant Analysis）、主成分分析法 PCA（Principal Component Analysis）。

Sklearn 中的算法模型都可以通过调用对应的类去创建，表 3-5 和表 3-6 是常用的监督式和无监督式学习算法的类名。这些算法类都继承 Estimator 和 Predictor，其中 Estimator 类用于提取并记录数据信息，它提供 fit 接口函数；Predictor 类用于预测与输入数据相关的某项指标，它提供 predict 接口函数。这些算法都通过 fit 函数来训练模型，且通过 predict 函数来测试模型。

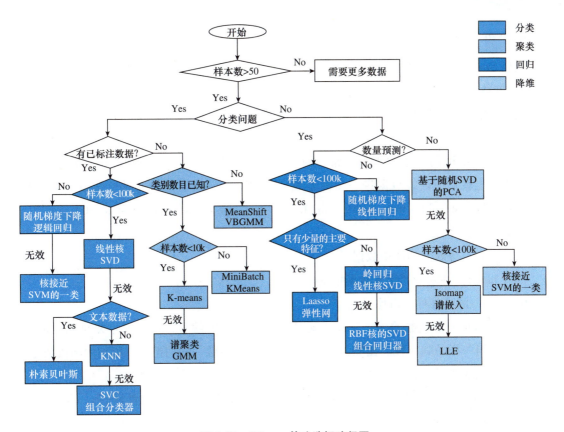

图 3-45　Sklearn 算法选择路径图

表 3-5　Sklearn 中的监督式学习算法

算法	类名	算法	类名
线性回归	LinearRegression	支持向量机	SVM
岭回归	Ridge	决策树	DecisionTree
Lasso 回归	Lasso	随机森林	RandomForest
Logistic 回归	LogisticRegression		

表 3-6　Sklearn 中的无监督式学习算法

算法	类名	算法	类名
主成分分析法	PCA	K 均值算法	KMeans
线性判别分析法	LDA	合并聚类算法	AggomerativeClustering
局部线性嵌入法	LLE	DBSCAN 算法	DBSCAN
多维缩放算法	MDS		

五、Sklearn 算法的调用

使用 Sklearn 算法主要有以下几个步骤：

1）加载训练模型所用的数据集。

2）采用合适的比例将数据集划分为训练集和测试集，可以用 sklearn.model_selection 模块中的 train_test_split（）方法。

train_test_split（）是交叉验证中常用的函数，功能是从样本中随机地按比例选取训练集和测试集，也就是把训练数据进一步拆分成训练集和验证集，这样有助于选取模型参数。形式为：train_test_split（train_data，train_target，test_size＝0.4，random_state＝0）。

参数如下：

train_data：待划分的样本数据。

train_target：待划分的样本数据标签。

test_size：测试集样本占比。

random_state：随机数的种子，其实就是该组随机数的编号，在需要重复试验的时候，保证得到一组一样的随机数。比如，每次都填 1，其他参数一样的情况下得到的随机数组是一样的。但填 0 或不填，每次都会不一样。

3）选取或者创建合适的训练模型，即初始化模型，比如，使用线性回归，model＝LinearRegression（）即可。

4）将训练集中的数据输入到模型中进行训练，使用 model.fit（x，y）即可。

拟合之后可以访问 model 里学到的参数，比如，线性回归里特征前的系数 model.coef_，或 k 均值里聚类标签 model.labels_。

5）如有必要通过交叉验证等方式大致确定模型所用的合理参数。

6）将测试集中的数据输入到模型中，得到预测结果，使用 model.predict（x）即可。

任务实施

一、实现思路

实现本任务的步骤是：首先调用 datasets.make_classification（）方法生成含有 2 个特征、3 种类别的 400 个样本点数据集，然后调用 DataFrame 的 describe（）方法进行数据的分析。接着，调用 train_test_split（）方法把数据集拆分成训练集和测试集；然后调用不同的分类算法模型使用训练集进行训练，并对测试集数据进行预测；最后比较各类算法的预测效果并给出评价。

基于测试集来对模拟结果进行评价。在这里可以采用均方差（MSE，指各测试样本分别与其预测值之差的平方和的平均数）或者均方根差（RMSE，均方差的平方根）在测试集上的表现来评价模型的优劣。也可以输出对测试集数据的预测结果和测试集的实际目标值,可以查看预测值与实际值的偏差。

二、程序代码

首先生成含有 400 个样本的分类模型数据集,执行结果如图 3-46 所示。

```
#生成400个样本,每个样本2个特征,输出3种类别,没有冗余特征
import numpy as np
from sklearn import datasets
x,y = datasets. make_classification(400, n_features = 2,n_classes = 3,n_redundant = 0,
n_clusters_per_class = 1,random_state = 2)
#以样本的第一个特征为x轴,第二个特征为y轴进行绘图
plt. scatter(x[:,0], x[:,1], c = y, s = 7)
plt. show( )
```

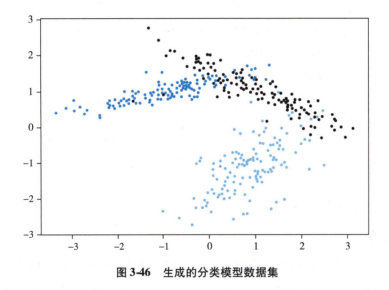

图 3-46　生成的分类模型数据集

再对数据集中的数据进行统计和展示,运行结果如图 3-47 所示。

```
import pandas as pd
df = pd. DataFrame(x, columns = ['feature1','feature2'])
df['class'] = y
#展示前 10 行数据
print(df. head(10))
#数据统计
df. describe( )
```

```
   feature1   feature2  class
0  1.806950   0.897618    1
1  0.339871   1.094761    1
2 -0.198997  -0.937231    2
3  2.472314   0.460008    2
4 -0.372222  -2.726419    2
5  1.541181  -0.362527    2
6 -1.558011   0.979154    0
7  2.036841  -0.038703    1
8 -3.121839   0.533487    0
9  1.258636   0.146933    1
```

	feature1	feature2	class
count	400.000000	400.000000	400.000000
mean	0.332884	0.307657	1.002500
std	1.259366	1.148212	0.814957
min	-3.336058	-2.726419	0.000000
25%	-0.504706	-0.631759	0.000000
50%	0.481410	0.729481	1.000000
75%	1.245941	1.163435	2.000000
max	3.139308	2.764716	2.000000

图 3-47　模型数据统计和展示

接下来对数据集进行划分，划分结果如图 3-48 所示。

```
#划分数据集
from sklearn.model_selection import train_test_split    #导入数据集分离模块
X_train,X_test,y_train,y_test = train_test_split(x, y, test_size = 0.3,random_state = 1)
#将样本划分为训练集和测试集,测试集占比30%
print(X_train.shape,y_train.shape,X_test.shape,y_test.shape)
#输出训练集和测试集形状
```

```
(280, 2) (280,) (120, 2) (120,)
```

图 3-48　数据集划分结果

通过上面的处理已将数据集中的 400 个样本划分成了含 280 个样本的训练集和含 120 个

样本的测试集。下面选取 Sklearn 中的逻辑回归分类算法进行训练和预测，执行结果如图 3-49 所示。

```
#使用逻辑回归算法
from sklearn.linear_model import LogisticRegression    #线性模型中的逻辑回归算法
lr = LogisticRegression()                              #引入逻辑回归算法
lr.fit(X_train, y_train)                               #用逻辑回归算法拟合
y_pred_lr = lr.predict(X_test)                         #对测试集数据进行预测
from sklearn import metrics                            #导入性能指标库
print('MSE:', metrics.mean_squared_error(y_test, y_pred_lr))
print('RMSE:', np.sqrt(metrics.mean_squared_error(y_test, y_pred_lr)))
print('预测成功率:', sum(y_pred_lr == y_test)/len(y_test))
```

```
MSE: 0.075
RMSE: 0.27386127875258304
预测成功率: 0.925
```

图 3-49　分类预测结果

实际上，对于同样的样本，采用不同的划分训练集和测试集的方案时，采用不同算法的结果是不一样的，但却不能简单地说哪种算法一定比其他算法好或差。针对具体问题使用时可以选择效果较好的算法。

通过以上的例子可以看到调用 Sklearn 进行算法的运行和对数据的预测是非常简单快捷的，从调用相关库到引入算法、拟合、预测、模型评价等，基本上代码很少，甚至不需要了解每个算法背后的原理。

单元总结

本单元学习了 Python 中的科学计算库 NumPy、数据分析库 Pandas、绘图工具库 Matplotlib 和机器学习库 Sklearn，并且完成了如下任务：

1）通过 NumPy 函数库提供的数组乘法、转置以及矩阵求逆等操作，完成了房价与面积关系方程参数的拟合。

2）通过 NumPy 中的随机数功能，完成了猜数游戏的设计和开发。

3）通过 csv 文件导入苹果销量数据，使用 DataFrame 数据框进行销量数据的展示，按苹果销量对数据进行排序，并通过 csv 文件导出功能将排序后的数据保存到 csv 文件。

4）通过 Matplotlib 绘图工具库，在一个画布中绘制商场内不同商品数据的折线图、柱状图和饼图等 3 种子图。

5）使用 Sklearn 机器学习库生成了一个用于分类模型的模拟数据集，并调用 Sklearn 中不同的算法模型实现了对数据集样本的分类预测问题。

单元评价

请根据任务完成情况填写表 3-7 的掌握情况评价表。

表 3-7 单元学习内容掌握情况评价表

评价项目	评价标准	分值	学生自评	教师评价
NumPy 数组学习	能够熟练运用 NumPy 数组的运算、切片和统计功能	20		
NumPy 随机数学习	能够运用 NumPy 创建和使用不同类型的随机数和随机数组	20		
Pandas 库学习	能够掌握 Pandas 中 Series 和 DataFrame 的数据分析接口和 csv 文件读写方法	20		
Matplotlib 库学习	能够掌握 Matplotlib 中绘制散点图、曲线图、直方图、柱状图、饼图以及在同一画布中绘制子图的方法	20		
Sklearn 库学习	能够掌握 Sklearn 中自带数据集的加载、自定义数据集的生成方法，以及各种分类、回归算法模型的调用方法	20		

单\元\习\题

一、单选题

1. 下面哪个属性表示了 NumPy 数组的维度（　　）。

　　A. size　　　　　　　　　　B. shape

　　C. type　　　　　　　　　　D. flags

2. a 是一个 5×5 的 NumPy 数组，则 a［，2：4］获取的数据是（　　）。

　　A. 第 0 行的第 2 到第 4 列数据

　　B. 第 0 行的第 2 到第 3 列数据

　　C. 所有行的第 2 到第 4 列数据

　　D. 所有行的第 2 到第 3 列数据

3. 对于数据框 df，下列说法正确的是（　　）。

　　A. df.ilo［:3］可以取出 df 的第 3 行

　　B. df［df［'age'］>3］取出 age>3 的列数据

　　C. df［['age']］取出 df 的 age 列

　　D. df［['age']］取出 df 的 age 行

4. 下列对 Matplotlib 库 plt 的函数使用说法正确的是（　　）。

　　A. plt.xticks () 可以在 x 轴上设置字符串

　　B. plt.figure () 用于显示图形

　　C. plt.bar () 用于生成直方图

　　D. plt.grid () 用于生成柱状图

5. 在 sklearn.datasets 中下面哪个方法可以生成回归模型的数据集（　　）。

　　A. make_regression　　　　B. meke_blobs

　　C. make_circles　　　　　　D. make_classification

二、多选题

将样本数据划分为训练集和测试集的方法主要有（　　）。

　　A. 留出法　　　　　　　　B. 交叉验证法

　　C. 自助法　　　　　　　　D. 回归法

三、填空题

1. subplot（212）是指绘制_____行_____列子图矩阵中的第_____个子图。

2. Sklearn 算法调用过程中，将数据集划分为训练集和测试集是调用 sklearn.model_selection 中的_____方法。

3. Sklearn 中的算法模型调用时一般都需要进行训练和预测，其中训练调用的方法是_____，预测调用的方法是_____。

四、简答题

1. 怎样通过 NumPy 数组创建 Series 和 DataFrame？

2. 列举 Serias 和 DataFrame 中索引数据的方法。

3. DataFrame 输出到文件和从文件读入的方法分别是什么？

4. Sklearn 中有哪几种生成自定义数据集的方法？

5. 简述 Sklearn 算法调用的步骤。

五、编程题

1. 创建一个 2 行 3 列的 NumPy 数组,要求第一行元素都是 1,第二行元素都是 2。
2. 构造一个 2 行 3 列的取值在(0,100)间的随机整数数组。
3. 创建一个 1~10 之间的 100 个元素的等差数组。
4. 使用 Matplotlib 库绘制 ls1 = [2, 4, 6],ls2 = [3, 5, 7] 两个数组的条形图。
5. 在同一个坐标图上绘制 [-π, π] 之间的红色的正弦曲线、蓝色的余弦曲线。
6. 使用 1 行 2 列的绘图区域,在两个区域中分别绘制 arr = [10, 30, 20] 数组的折线图和饼图。

学习情境

在进行机器学习的模型训练之前,一定要对数据有足够的了解。只有充分了解数据,进行数据预处理,然后选择好的特征,才能取得较好的机器学习结果。本单元主要介绍数据预处理的方法。

学习目标

◆ 知识目标
  掌握模型数据的统计方法和常用的统计量
  学习模型数据的预处理方法

◆ 能力目标
  能够对模型数据进行统计分析
  能够对模型数据进行预处理

◆ 职业素养目标
  培养学生对机器学习问题的理解能力,对实际问题的归纳分析能力

任务 学生成绩表数据处理

任务描述

本任务中使用的数据是一份学生成绩表，数据包含的属性有学号 id、姓名 name、性别 sex、班级 class、成绩 1score_1、成绩 2score_2、成绩 3score_3，最终成绩 score_final。数学建模的目标是通过 class、score_1、score_2 和 score_3 等信息来预测 score_final，而本任务是对这份数据进行分析，对缺失数据、错误数据进行处理。

首先通过 Pandas 库 DataFrame 数据框功能生成并查看要处理的数据，数据展示结果如图 4-1 所示。

```python
import pandas as pd
#生成数据
scores = {'id':[3101,3102,3103,3104,3105,3106,3107,3108], 'name':['程春','丁元芝','冯晓彬','胡亚维','贾建华','王小欧','赵芳芳','肖方'], 'sex':['f','f','m','m','m','m','f','f'],
'class':[1.0,1.0,None,1.0,2.0,None,2.0,2], 'score_1':[90.0,69,67,None,83.0,78,109,45],
'score_2':[83.0,96,80,93,58,105,45,None], 'score_3':[83.0,59,76,100,52,95,None,66], 'score_final':[81,64,55,90,53,80,85,60]}
#展示前 5 行数据
data = pd.DataFrame(scores)
data.head()
```

	id	name	sex	class	score_1	score_2	score_3	score_final
0	3101	程春	f	1.0	90.0	83.0	83.0	81
1	3102	丁元芝	f	1.0	69.0	96.0	59.0	64
2	3103	冯晓彬	m	NaN	67.0	80.0	76.0	55
3	3104	胡亚维	m	1.0	NaN	93.0	100.0	90
4	3105	贾建华	m	2.0	83.0	58.0	52.0	53

图 4-1 数据展示结果

接下来查看数据基本统计量，如均值、众数等。统计结果如图 4-2 所示。

```
data. describe( include = 'all')
```

	id	name	sex	class	score_1	score_2	score_3	score_final
count	8.00000	8	8	6.000000	7.000000	7.000000	7.000000	8.00000
unique	NaN	8	2	NaN	NaN	NaN	NaN	NaN
top	NaN	胡亚维	f	NaN	NaN	NaN	NaN	NaN
freq	NaN	1	4	NaN	NaN	NaN	NaN	NaN
mean	3104.50000	NaN	NaN	1.500000	77.285714	80.000000	75.857143	71.00000
std	2.44949	NaN	NaN	0.547723	20.072488	21.478672	18.031718	14.57983
min	3101.00000	NaN	NaN	1.000000	45.000000	45.000000	52.000000	53.00000
25%	3102.75000	NaN	NaN	1.000000	68.000000	69.000000	62.500000	58.75000
50%	3104.50000	NaN	NaN	1.500000	78.000000	83.000000	76.000000	72.00000
75%	3106.25000	NaN	NaN	2.000000	86.500000	94.500000	89.000000	82.00000
max	3108.00000	NaN	NaN	2.000000	109.000000	105.000000	100.000000	90.00000

图 4-2　数据统计结果

这里出现的 NaN 空值说明该列不能用该统计量进行统计，如字符型列的均值。count 表示该列非空值个数；unique 是唯一值的个数；top 是频数最高者；freq 是最高频数。可以看出，class、score_1、score_2、score_3 均存在缺失值，并且 score_1、score_2 的最大值超过100，存在错误值。

任务目标

◆ 掌握模型数据的统计分析方法
◆ 了解模型数据的错误值、缺失值、异常值等的处理方法

知识准备

一、模型数据的统计分析

1. 数据的属性

模型的数据对象代表一个实体，就是用一组刻画对象基本特征的属性来描述。属性可看成一个数据的字段，在不同的领域有不同的等价叫法，例如维度、特征、变量。最常见的属性类型包括以下四种：标称型、序数型、区间型和比率型。

1）标称型。这种属性的值仅用作区分不同对象，不存在其他任何意义，如性别。

2）序数型。这种属性的值提供了确定对象顺序的信息，如成绩的优、良、中、差。

3）区间型。这种属性的值提供了数据的加、减操作，如个数、次数。

4）比率型。这种属性的值还扩充了乘、除操作，如长度。

其中，标称型和序数型通常称为分类属性，区间型和比率型则称为定量属性。

2. 基本统计量

常用的统计量有度量中心位置的均值、中位数、众数等，以及度量发散程度的极差、方差、标准差等。

（1）度量中心位置的统计量

借由中心位置可以知道数据的平均情况，如果要对新数据进行预测，那么平均情况是非常直观的选择。数据的中心位置可分为均值（Mean）、中位数（Median）、众数（Mode）。均值是指样本中所有数的平均值，中位数是指样本排序后处于中间位置的数，众数是指样本中出现次数最多的数。

下面的例子展示了均值和中位数的计算方法，结果如图4-3所示。

```
import numpy as np
ls = [3, 3, 5, 8, 4, 6]
print(np.mean(ls))      #均值
print(np.median(ls))    #中位数
```

```
4.833333333333333
4.5
```

图4-3 均值、中位数计算结果

（2）度量发散程度的统计量

如果以中心位置来预测新数据，那么发散程度决定了预测的准确性。数据的发散程度可用极差（PTP）、方差（Variance）、标准差（STD）等来衡量。极差是指样本中的最大数据与最小数据的差，方差（或称均方差）是指各个数据分别与其平均数之差的平方的和的平均数，标准差是方差的算术平方根。

下面的例子展示了极差、方差、标准差的计算方法，结果如图4-4所示。

```
print(np.ptp(ls))       #极差
print(np.var(ls))       #方差
print(np.std(ls))       #标准差
```

```
5
3.138888888888889
1.7716909687891083
```

图4-4 极差、方差、标准差计算结果

3. 数据相关性

当有两组数据时,如果关心这两组数据是否相关,相关程度有多少,可以用协方差(cov)和相关系数(corrcoef)来衡量相关程度。协方差是一种用来度量两组数据关系的统计量,$\text{cov}(X, Y) = \dfrac{\sum_{i=1}^{N}(X_i - \bar{X})(Y_i - \bar{Y})}{N}$,其中 $\bar{X}$ 和 $\bar{Y}$ 分别为数组 X 和 Y 的平均值。协方差的绝对值越大表示相关程度越大,协方差为正值表示正相关,负值为负相关,0 为不相关;相关系数等于协方差除以两组数据的标准差。NumPy 包中有相应方法 cov() 和 corrcoef() 计算得到协方差和相关系数。其中,cov() 方法可以设置参数 bias = 1,表示结果需要除以 N,否则只计算分子部分,返回结果为矩阵,第 i 行第 j 列数据表示第 i 组数与第 j 组数的协方差,对角线为方差;corrcoef() 方法返回结果为矩阵,第 i 行第 j 列数据表示第 i 组数与第 j 组数的相关系数,对角线为 1。

下面的例子展示了协方差和相关系数的计算方法,结果如图 4-5 所示。

```
ls = [2, 3, 4]
ls2 = [5, 8, 9]
print(np.cov([ls, ls2], bias = 1))        #计算协方差
print(np.corrcoef([ls, ls2]))             #计算相关系数
```

```
[[0.66666667 1.33333333]
 [1.33333333 2.88888889]]
[[1.         0.96076892]
 [0.96076892 1.        ]]
```

图4-5 协方差和相关系数计算结果

4. 盒图

盒图是在 1977 年由美国的统计学家约翰·图基(John Tukey)发明的,由 5 个数值点组成最小值、下四分位数(Q1)、中位数、上四分位数(Q3)和最大值,也可以往盒图里面加入平均值。Q3 - Q1 为四分位差,上界线和下界线是距离中位数 1.5 倍四分位差的线,

高于上界线或者低于下界线的数据可认为是异常值。

下面是一个绘制盒图的例子，执行结果如图4-6所示。可以看出该组数据中位数为7，Q3 − Q1 约为2，其中1和12是离群点。

```
import matplotlib.pyplot as plt
ls = [1, 5, 7, 8, 6.5, 7, 12]
plt.figure(figsize = (4, 5))      #设置图大小
plt.boxplot(ls)                   #画盒图
plt.title('data')                 #图标题
plt.grid(True)                    #显示网格
plt.show()
```

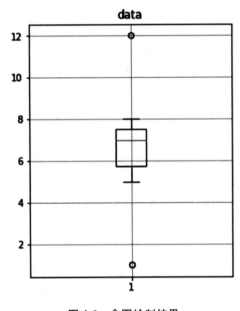

图4-6　盒图绘制结果

二、数据预处理方法

通常的模型处理需要涉及较大的数据量，这些数据可能来源不一，导致格式不同，也许有的数据还存在一些缺失值或者无效值，如果不经处理直接将这些"脏"数据放到模型中，非常容易导致模型计算失败或者可用性很差，所以数据预处理是不可或缺的一步。

1. 错误值处理

错误值是指数据集中出现的数值、格式、类型等错误，常用的处理错误值的方法包括修正和删除。

1) 修正可以有三种方式：补充正确信息，比如人工填写正确数据；对照其他信息源，

比如使用其他表的数据来修正错误数据；视为空值，将数据清空，等待下一步处理。

2）删除一般指的是删除记录，有些特殊情况可以删除属性，但是需要保证该处理不会对后续工作造成重要影响，比如不能删除大量记录、不能删除重要属性。

2. 缺失值处理

缺失值是非常普遍的，在页面上显示为 NaN，意味着 Not a Number。想要准确判断缺失值的数量，可以使用 isnull () 方法，如果数值为空返回 True，否则为 False，再进行求和（True 被作为 1，False 被作为 0），就可以统计每个字段缺失值的数量。

缺失值的数量会影响缺失值处理的策略，一般情况下用的方法有：

1）通过对比其他数据源填补缺失值。

2）通过建模从其他属性"预测"目标属性的缺失值。

3）对缺失不多的连续型属性，可以填补中位数或均值。

4）对缺失较多的连续型属性，可以生成一个新属性用于标示哪些记录是被填补的（比如用 1 表示缺失记录，用 0 表示非空记录），原属性不再使用。

5）对缺失不多（比如少于 20%）的离散型属性，填补众数或填补为"未知"这样的新分类。

6）对缺失较多（比如多于 20% 并且少于 50%）的离散型属性，填补为"未知"这样的新分类，同时生成一个新的属性用于标示哪些记录是被填补的（比如用 1 表示填补的记录，用 0 表示之前非空的记录）。

7）对缺失很多（比如多于 50%）的离散型变量，可以考虑直接删除。

3. 异常值处理

异常值是指那些远远偏离多数样本的数据点。模型数据中，一般多数样本聚集在中心附近，而少数记录偏离它们，形态上接近正态分布或对数正态分布（对连续变量而言）。

异常值有时意味着错误，但有时不是。无论是否代表错误，异常值都应当被处理。通常可以根据对数据的理解来设置异常值的边界，也可以使用一定的技术手段辅助识别异常值。常用的识别方法包括以下两种：

1）平均值法：对于正态分布来说，三倍标准差之外的样本仅占所有样本的 1%，因此，设置平均值 ±3×标准差之外的数据为离群值，极端值被定义为平均值 ±5×标准差之外数据。

2）四分位数法：设置 1.5 倍四分位差以外的数据为异常值，即 IQR = Q3 − Q1，其中，IQR 为四分位差，Q3 和 Q1 分别为第三个和第一个四分位点。定义正常数据在 Q1 − 1.5×IQR ~ Q3 + 1.5×IQR 之间，可以用盒图轻易地看出数据是否存在异常值。

对异常值的处理方法通常包括三种：

1）视为空值：待后期对空值进行处理。

2）盖帽法：异常值被重新设定为数据的边界。

3）数据转换：通过一定的变换改变原有数据的分布，使得异常值不再"异常"，常用的转换是对数变换，这对那些严重右偏的数据非常有用，变换后的数据能够更接近正态分布。

4. 标称属性处理

对于标称属性，很多算法不支持其运算，常用的有两种方法：

1）转换成 label 编码：直接用数字表示，比如，将 male 转换为 1，female 转换为 0。

2）转换成 one–hot 编码：直观来说就是有多少个状态就有多少比特，而且只有一个比特为 1，其他全为 0 的一种码制，比如，将 male 转换为（1，0），female 转换为（0，1）。

一般而言，需要谨慎使用第一种方法，因为数据本来是没有顺序的，但是通过转换反而增加了数据的顺序。one–hot 编码使得属性之间的距离计算更加合理，但是当类别的数量很多时，属性（特征）空间会变得非常大。

Python 的 Sklearn 包是常用的机器学习包，包含了数据预处理的常用方法。但是 Sklearn 包中用于 one–hot 编码的 OneHotEncoder（）方法只能处理数值型数据，因此常用于 one–hot 编码的方法是 pandas 的 get_dummies（）方法。

下面是两种方法的测试，执行结果如图 4-7 和图 4-8 所示。

```
from sklearn.preprocessing import LabelEncoder
LabelEncoder().fit_transform(data['sex'])     #转换成 label
```

```
array([0, 0, 1, 1, 1, 1, 0, 0])
```

图 4-7　label 编码结果

```
pd.get_dummies(data['sex']).head()   #转换成 one–hot 编码
```

	f	m
0	1	0
1	1	0
2	0	1
3	0	1
4	0	1

图 4-8　one-hot 编码结果

5. 标准化

为了消除字段间因为单位差异而导致模型不稳定的情况，需要将变量的单位消除，使得它们都是在一个"标准"的尺度上进行比较分析。因此需要采用标准化的技术，常用的方法包括归一化和中心化。

归一化公式为：$Y_i = (X_i - \min(X_i)) / (\max(X_i) - \min(X_i))$。

中心化公式为：$Y_i = (X_i - \mathrm{mean}(X)) / \sigma$（$\sigma$ 为数据的标准差）。

归一化方法可以将样本数据压缩到 0~1 之间，使得不同样本具有可比性。缺点是极大、极小值差异过大，会导致被压缩的样本失真，从而无法反映该变量样本在计算有关距离或相似性时的真实作用。中心化方法也叫零均值化，经过处理的数据符合标准正态分布，即均值为 0，标准差为 1，缺点是数据压缩范围难以确定。

下面的例子展示了 Python 的 Sklearn 包中计算归一化和中心化的方法，结果如图 4-9 所示。

```python
import numpy as np
np.random.seed(1)
ar = np.array(np.random.randint(-100,100,12).reshape(3,4))
print(ar)
#数据归一化
from sklearn.preprocessing import MinMaxScaler
MinMaxScaler().fit_transform(ar)
#数据中心化
from sklearn.preprocessing import StandardScaler
StandardScaler().fit_transform(ar)
```

```
[[-63  40 -28  37]
 [ 33 -21  92  44]
 [ 29 -29  34 -75]]
[[0.         1.         0.         0.94117647]
 [1.         0.11594203 1.         1.        ]
 [0.95833333 0.         0.51666667 0.        ]]
[[-1.41325423  1.40624797 -1.23812389  0.64194074]
 [ 0.75173097 -0.57331648  1.21091237  0.77032889]
 [ 0.66152326 -0.83293149  0.02721151 -1.41226963]]
```

图 4-9 归一化和中心化计算结果

单元 4
数据处理

任务实施

一、实现思路

根据对数据的统计分析，已经发现数据中有分数、班级属性缺失以及分数超过 100 的错误值，可以根据班级的平均分来填充缺失的分数。根据前一条或后一条记录的班级来填充缺失的班级属性，将超过 100 的分数修正为 100 分。同时通过绘制数据的盒图来分析是否存在异常值。

二、程序代码

1. 错误值处理

本节数据的分数明显不能超过 100 分，这里将分数超过 100 分的值修正为 100 分。

```
#修正分数,将超过 100 分的数据记作 100 分
data.loc[data['score_1'] > 100, 'score_1'] = 100
data.loc[data['score_2'] > 100, 'score_2'] = 100
```

2. 缺失值处理

下面通过 isnull 方法统计缺失值，执行结果如图 4-10 所示。

```
data.isnull().sum()    #统计数据缺失情况
```

```
id              0
name            0
sex             0
class           2
score_1         1
score_2         1
score_3         1
score_final     0
dtype: int64
```

图 4-10　缺失值统计结果

这里 class 缺失值的数量不多,可以根据上一条记录来确定,score_1、score_2 及 score_3 的缺失值数量也不多,可以由班级的平均值确定。处理后的结果如图 4-11 所示。

```
#用前一个数据代替
data['class'].fillna(method = 'pad', inplace = True)
all_class = data['class'].unique()
#用每个班的平均分来填充缺失值
for c in all_class:
    data.loc[(data['class'] == c) & (data['score_1'].isnull()), 'score_1'] = data.loc[(data['class'] == c), 'score_1'].mean()
    data.loc[(data['class'] == c) & (data['score_2'].isnull()), 'score_2'] = data.loc[(data['class'] == c), 'score_2'].mean()
    data.loc[(data['class'] == c) & (data['score_3'].isnull()), 'score_3'] = data.loc[(data['class'] == c), 'score_3'].mean()
data.describe(include = 'all')   #数据基本统计
```

	id	name	sex	class	score_1	score_2	score_3	score_final
count	8.00000	8	8	8.000000	8.000000	8.000000	8.000000	8.00000
unique	NaN	8	2	NaN	NaN	NaN	NaN	NaN
top	NaN	胡亚维	f	NaN	NaN	NaN	NaN	NaN
freq	NaN	1	4	NaN	NaN	NaN	NaN	NaN
mean	3104.50000	NaN	NaN	1.500000	75.916667	77.833333	75.250000	71.00000
std	2.44949	NaN	NaN	0.534522	16.545992	19.484630	16.782218	14.57983
min	3101.00000	NaN	NaN	1.000000	45.000000	45.000000	52.000000	53.00000
25%	3102.75000	NaN	NaN	1.000000	68.500000	65.250000	64.250000	58.75000
50%	3104.50000	NaN	NaN	1.500000	76.666667	81.500000	73.500000	72.00000
75%	3106.25000	NaN	NaN	2.000000	84.750000	93.750000	86.000000	82.00000
max	3108.00000	NaN	NaN	2.000000	100.000000	100.000000	100.000000	90.00000

图 4-11 错误值和缺失值处理后的结果

3. 异常值处理

画出 score_1、score_2 和 score_3 的盒图,绘制结果如图 4-12 所示。根据画图结果可以看出并不存在异常值。

```
import matplotlib.pyplot as plt
ls = [ ]
ls.append(data['score1'].tolist())
ls.append(data['score2'].tolist())
ls.append(data['score3'].tolist())
for i in range(3):
    plt.subplot(1, 3, i + 1)
    plt.boxplot(ls[i])
    plt.title('score' + str(i + 1))
plt.tight_layout()    #设置默认间距
plt.show()
```

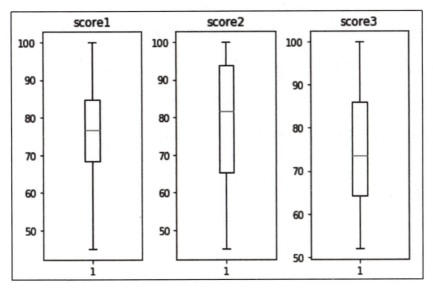

图 4-12　盒图绘制结果

单元总结

本单元学习了数据统计分析、数据预处理和数据关联规则的方法，并且完成了如下任务：使用数据预处理方法中的填补、修正等方法对一份有异常数据的学生成绩表进行了错误值、缺失值和异常值的处理。

单元评价

请根据任务完成情况填写表 4-1 的掌握情况评价表。

表 4-1 单元学习内容掌握情况评价表

评价项目	评价标准	分值	学生自评	教师评价
基本统计量	能够掌握均值、中位数、方差等统计量的概念和 Python 中的计算方法	20		
数据相关性	能够掌握协方差、相关系数的概念和 Python 中的计算方法	15		
盒图	能够掌握盒图的作用和绘制方法	15		
错误值处理	能够掌握模型数据错误值的分析和处理方法	10		
缺失值处理	能够掌握模型数据中缺失值的分析和处理方法	10		
异常值处理	能够掌握模型数据中异常值的分析和处理方法	10		
标称属性处理	能够掌握模型数据中标称的转换处理方法	10		
标准化处理	能够掌握模型数据的标准化处理方法	10		

单\元\习\题

一、单选题

1. 盒图中 Q1 是指（　　）。

   A. 最小值 B. 下四分位数

   C. 中位数 D. 上四分位数

2. 盒图中上界线是距离中位数（　　）倍四分位差的线。

   A. 0.5 倍 B. 1 倍

   C. 1.5 倍 D. 2 倍

二、多选题

1. 常用的度量中心位置的统计量有（　　）。

   A. 均值 B. 中位数

   C. 均方差 D. 众数

2. 常用的度量发散程度的统计量有（   ）。
   A. 协方差   B. 极差
   C. 方差   D. 标准差
3. 数据异常值的识别方法常用的有（   ）。
   A. 平均值法   B. 中位数法
   C. 四分位法   D. 方差法
4. 常用的数据标准化处理的方法包括（   ）。
   A. 绝对值化   B. 归一化
   C. 中心化   D. 去中心化

Chapter 5

单元5
回归算法

学习情境

回归模型是研究自变量和因变量之间连续型因果关系的建模技术,它通常用于预测和分析变量之间存在的某种数量关系,比如某地区用电量与居民数量、工业化程度之间的关系等。本单元将结合波士顿房价预测问题来学习回归的概念,并学习线性回归、多项式回归、岭回归(Ridge Regression)、套索回归(Lasso Regression)等回归算法。

学习目标

◆ 知识目标
  学习线性回归模型参数求解的原理
  掌握 Sklearn 中回归算法的调用
◆ 能力目标
  能够调用 Sklearn 中的算法解决回归问题
◆ 职业素养目标
  培养学生对所学理论知识的实际运用能力

任务 波士顿房价预测问题

任务描述

波士顿房价数据集是 Sklearn 工具包中内置的数据集，共有 506 个样本数据点，涵盖了波士顿不同地区房屋的房价信息，每个样本包括 13 个特征属性和它的房价。本任务是利用回归算法找到一个模型，能对数据集中的样本进行拟合，并对新样本的房价进行预测。

任务目标

- ◆ 学习线性回归、多项式回归、Lasso 回归、Ridge 回归模型算法的原理
- ◆ 了解过拟合和欠拟合的概念和处理方法
- ◆ 掌握使用 Sklearn 中回归算法模型解决房价预测等回归问题的方法

知识准备

回归是统计学中最有力的工具之一。那么什么是回归？人们在测量事物的时候因为客观条件所限，求得的都是测量值，而不是事物真实的值。为了得到真实值需要进行无限次测量，最后通过这些测量数据计算真实值，这就是回归的由来。通俗地说就是用一个函数去逼近或预测这个真实值。

回归分析中，如果只包括一个自变量和一个因变量，且二者的关系可用一条直线近似表示（见图 5-1），这种回归分析称为单变量（或一元）线性回归分析。如果回归分析中包括两个或两个以上的自变量，且因变量和自变量之间是线性关系，则称为多变量（或多元）线性回归分析。

那么什么是线性关系和非线性关系？比如，在房价问题上，房子的面积和房子的价格有着明显的关系。用 x 表示房间大小，y 表示房价，如果在坐标系中可以用一条直线把这个关系描述出来的，则叫线性关系；如果是一条曲线，则叫非线性关系。

回归的目的是建立一个回归方程（模型）来预测目标值，回归的求解就是求这个回归方程的各个系数，也就是模型的参数。机器学习的任务就是从给定的输入输出数据集中学习到模型参数。回归模型研究的是因变量和自变量之间的关系，这里的因变量是连续数值，而分类模型研究中的因变量是离散值，这也是两类模型的区别。回归一般指的是线性回归，

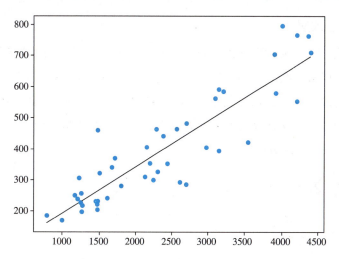

图 5-1　自变量与因变量的线性关系示意图

但是决策树、随机森林等也可以用于回归。

一、单变量线性回归

1. 模型定义

对于单变量线性回归，其线性回归方程为：

$$y = h_\theta(x) = \theta_0 + \theta_1 x \tag{5-1}$$

式中，x 是数据的特征属性值；y 是目标值；θ_0 和 θ_1 是模型的参数；θ 是参数集合。例如，假设房子的大小与房子的价格呈线性相关，则可以用 x 表示房子的大小，y 表示房子的价格，θ 为参数集合。参数的学习过程就是根据训练集来确定 θ，学习任务就是找到一条直线来拟合所有的已知点，这条直线的斜率和截距就是 θ_0 和 θ_1 的值。

2. 损失函数

为了能够找到最好的 θ_0 和 θ_1 参数值，需要先定义什么是最好，最好就是由参数确定的直线能够尽量与所有的数据点接近。一般采用损失函数来衡量模型与数据点的接近程度，如果目标属性为数值型，则一般采用均方误差的变体来表示损失函数。

一般来说，回归方程的预测值和样本点的真实值并不是完全一致的，预测值和真实值的误差称为误差项，即第 k 个样本的误差项为 $h_\theta(x^{(k)}) - y^{(k)}$。所有 m 个样本点的误差项的均方差称为损失函数（或目标函数、代价函数），即：

$$J(\theta) = \frac{1}{m} \sum_{i=1}^{m} (h_\theta(x^{(i)}) - y^{(i)})^2 \tag{5-2}$$

它用来衡量一个模型与数据点的接近程度。显然，J 越小，模型就能越好地描述样本数据。任务目标就是找到使 J 取到最小值时的 θ 参数。

3. 最小二乘法求解

最小二乘法是一种常用的数学优化技术,它通过使误差的平方和达到最小化来求取目标函数的最优值,以求解线性回归问题,所求得的解也叫作最小二乘解。根据微积分的知识,在连续函数的最小值处,函数关于参数的偏导数为 0。函数的偏导数为 0 的点称为拐点,如果二阶偏导数大于 0 则该拐点为函数最小值点,否则为最大值点。

对 J 分别求 θ_0 和 θ_1 的偏导数:

$$\frac{\partial J}{\partial \theta_0} = \frac{\partial}{\partial \theta_0} \frac{1}{m} \sum_{i=1}^{m} (h_\theta(x^{(i)}) - y^{(i)})^2 = \frac{\partial}{\partial \theta_0} \frac{1}{m} \sum_{i=1}^{m} (\theta_0 + \theta_1 x^{(i)} - y^{(i)})^2 = \frac{2}{m} \sum_{i=1}^{m} (\theta_0 + \theta_1 x^{(i)} - y^{(i)}) = 2\theta_0 + \frac{2}{m} \sum_{i=1}^{m} (\theta_1 x^{(i)} - y^{(i)}) \tag{5-3}$$

$$\frac{\partial J}{\partial \theta_1} = \frac{\partial}{\partial \theta_1} \frac{1}{m} \sum_{i=1}^{m} (h_\theta(x^{(i)}) - y^{(i)})^2 = \frac{\partial}{\partial \theta_1} \frac{1}{m} \sum_{i=1}^{m} (\theta_0 + \theta_1 x^{(i)} - y^{(i)})^2 = \frac{2}{m} \sum_{i=1}^{m} (\theta_0 + \theta_1 x^{(i)} - y^{(i)}) x^{(i)} = \frac{2\theta_0}{m} \sum_{i=1}^{m} x^{(i)} + \frac{2\theta_1}{m} \sum_{i=1}^{m} x^{(i)} x^{(i)} - \frac{2}{m} \sum_{i=1}^{m} x^{(i)} y^{(i)} = 2(\theta_0 \bar{x} + \theta_1 \overline{x^2} - \overline{xy}) \tag{5-4}$$

式中,$\bar{x}$ 是 m 个样本 x 的平均值;$\overline{x^2}$ 和 $\overline{xy}$ 分别是 x^2 和 xy 的平均值。

令式(5-3)等于 0,得到:

$$\theta_0 = \frac{1}{m} \sum_{i=1}^{m} (y^{(i)} - \theta_1 x^{(i)}) = \bar{y} - \theta_1 \bar{x} \tag{5-5}$$

令式(5-4)等于 0,并将上式的 θ_0 代入,得到:$\overline{xy} - \theta_1 (\bar{x})^2 + \theta_1 \overline{x^2} - \overline{xy} = 0$,即:

$$\theta_1 = \frac{\overline{xy} - \bar{x}\bar{y}}{\overline{x^2} - (\bar{x})^2} \tag{5-6}$$

利用公式(5-5)和(5-6)就可以根据所给样本的 x 和 y,求出对应的模型参数。最小二乘法适合单变量线性回归问题,对于多变量线性回归问题,需要借助梯度下降和正规方程等方法。

4. 回归效果评价

损失函数 $J(\theta)$ 可以作为一个衡量回归的拟合程度的相对指标,其取值范围为 (0, +∞)。很多时候需要客观地衡量线性回归的拟合程度,可以使用决定系数、剩余标准差等。

(1) 决定系数

决定系数,有的也称为判定系数或者拟合优度,与总平方和、回归平方和或者误差平方和有关。

总平方和(Total Sum of Squares,SST)定义为 $SST = \sum_{i=1}^{m} (Y_i - \text{mean}(Y))^2$。

回归平方和(Regression Sum of Squares,SSR)定义为 $SSR = \sum_{i=1}^{m} (f_i - \text{mean}(Y))^2$。

误差平方和（Error Sum of Squares，SSE）定义为 SSE = $\sum_{i=1}^{m}(Y_i - f_i)^2$。

上述公式中，Y_i 表示第 i 个数据的真实标签，mean（Y）表示数据真实标签的均值，f_i 为第 i 个数据的预测值。由公式有 SST = SSR + SSE。

决定系数定义为 R^2 = SSR/SST = 1 – SSE/SST，可以看出 R^2 越大则拟合得越好。R^2 的取值范围是（–∞，1），一般情况下 R^2 大于 0，但当预测值完全是随机值时，R^2 可能小于 0。

（2）剩余标准差

剩余标准差（Root Mean Squared Error，RMSE）也称为均方根误差、标准误差、残差平方和，定义为 $s = \sqrt{SSE/(n-2)}$，其中，n 为样本数量。因此也可以将 s 看成是平均残差平方和的算术根，其值越小回归拟合得越好。

二、多变量线性回归

1. 回归方程

对于多变量回归，如房价高低跟房子面积、楼层位置、装修情况有关，它们的关系可以表示为：房价 $y = f(x) = w_0 + 0.5 \times$ 面积 $+ 0.2 \times$ 楼层 $+ 0.3 \times$ 装修，用计算出来的值判定一个房子的价格。

通用的模型为：

$$y = h_\theta(x) = \theta_0 + \theta_1 x_1 + \theta_2 x_2 + \ldots + \theta_n x_n \tag{5-7}$$

式中，$h_\theta(x)$ 是以 θ 为参数、x 为自变量的函数；θ_0、θ_1、…、θ_n 是待求解的回归参数。为了在计算时能更方便地用矩阵形式表达，可以给 θ_0 增加一个系数 x_0，并使 x_0 一直等于 1，那么上面的回归方程可以写为：

$$h_\theta(x) = \theta_0 x_0 + \theta_1 x_1 + \ldots + \theta_n x_n = \sum_{i=0}^{n} \theta_i x_i \tag{5-8}$$

假设有 m 个样本（如 m 个房子），每个样本有 n 个特征和一个对应的真实结果 y（即真实房价），这 m 个样本可以表示如下：

$(x_1^{(1)}, x_2^{(1)}, \ldots, x_n^{(1)}, y^{(1)})$，…，$(x_1^{(m)}, x_2^{(m)}, \ldots, x_n^{(m)}, y^{(m)})$

那么可以将模型用矩阵形式表达为：

$$y = h_\theta(X) = X\theta = \begin{bmatrix} X^{(1)} \\ X^{(2)} \\ \vdots \\ X^{(m)} \end{bmatrix} \theta \tag{5-9}$$

其中的矩阵 X 为 $m * (n+1)$ 维数组，它的第 k 个行向量 $x^{(k)} = (1, x_1^{(k)}, \ldots, x_n^{(k)})$ 表示第 k 个样本的特征值数据。

2. 损失函数

可以发现，回归方程中第 k 个样本的误差项为 $h_\theta(x^{(k)}) - y^{(k)}$，所以多变量线性回归方程的损失函数为：

$$J(\theta) = \frac{1}{m}\sum_{i=1}^{m}(h_\theta(x^{(i)}) - y^{(i)})^2 = \frac{1}{m}(X\theta - y)^T(X\theta - y) \tag{5-10}$$

式中，m 是训练集中样本的个数；$x^{(i)}$、$y^{(i)}$ 是第 i 个样本的特征值和目标值；T 是矩阵的转置。

3. 最小二乘法求解

可以看出，多变量线性回归算法的损失函数与单变量线性回归算法一致，不同的是 $h_\theta(x^{(i)})$ 的表达形式。那么，其最小二乘求解原理与单变量线性回归算法也相同，即损失函数 $J(\theta)$ 的值最小，对损失函数求偏导并令其等于 0，得到的 θ 就是模型参数的值。由此引进了梯度的概念以及向量的求导公式。

（1）梯度向量

设函数 $F: R^n \to R$ 是一个 n 元函数，且在 $x^* = (x_1^*, x_2^*, \ldots, x_n^*)$ 处对各分量 x_i 都可导，则称 F 在 x^* 处可导，且定义 F 在 x^* 处的梯度为如下向量：

$$\nabla F(x^*) = \left(\frac{\partial F(x^*)}{\partial x_1}, \frac{\partial F(x^*)}{\partial x_2}, \ldots, \frac{\partial F(x^*)}{\partial x_n}\right) \tag{5-11}$$

（2）向量求导公式

设 X 是 $m \times n$ 维矩阵，θ 是 m 维向量，则会有下面 4 个公式：

$$\frac{\partial \theta^T X}{\partial \theta} = X, \quad \frac{\partial X^T \theta}{\partial \theta} = X, \quad \frac{\partial \theta^T \theta}{\partial \theta} = 2\theta, \quad \frac{\partial \theta^T C \theta}{\partial \theta} = 2C\theta \tag{5-12}$$

（3）最小二乘求解参数值

上面得到了多变量线性回归模型的损失函数 $J(\theta)$，根据微积分的知识，在 $J(\theta)$ 的最小值处关于 θ 的偏导数为 0，根据这个思想对问题进行求解。

首先对 $J(\theta)$ 进行化简：

$$J(\theta) = \frac{1}{m}(X\theta - y)^T(X\theta - y) = \frac{1}{m}(\theta^T X^T - y^T)(X\theta - y)$$

$$= \frac{1}{m}(\theta^T X^T X\theta - \theta^T X^T y - y^T X\theta + y^T y) \tag{5-13}$$

其偏导数为：

$$\nabla_\theta J(\theta) = \frac{2}{m}(X^T X\theta - X^T y) \tag{5-14}$$

另其为 0，就得到：

$$\theta = (X^T X)^{-1} X^T y \tag{5-15}$$

这就是参数集 θ 的解，只要上述矩阵可以求逆，就能求出 θ。这个公式也称为求解参数

集 θ 的正规方程，也就是最小二乘法的矩阵形式。

但是，X^TX 一定可逆吗？尤其当数据集中特征的数量比样本的数量还多的时候，即 $X \in R^{m \times (n+1)}$，$n \gg m$ 时，这时的 X^TX 是 $(n+1) \times (n+1)$ 维的方阵，它是不可逆的。这种情况下则使用了正则化的 Lasso 和 Ridge 回归等来求解。

4. 梯度下降法求解

梯度下降法是对最小二乘法进行优化求解的一种算法，它采用迭代的形式来求解损失函数的最小值。前面介绍了梯度向量，梯度的方向是函数增长最快的地方，梯度的反方向是函数减少最快的方向。

梯度下降法的基本思想可以类比为一个下山的过程。一个人需要从山上快速准确地下山到达山谷，需要怎么做呢？这个时候，便可利用梯度下降算法来帮助自己下山。首先以他当前所处的位置为基准，寻找这个位置最陡峭的地方，然后朝着下降方向走一步，然后又继续以当前位置为基准，再找最陡峭的地方，再走直到最后到达最低处。

那么如果想计算损失函数的最小值，就可以使用梯度下降法的思想求解。首先对参数 θ 取一个随机初始值，然后不断迭代改变 θ 的值使损失函数 $J(\theta)$ 根据梯度下降的方向减小，直到收敛求出某 θ 值使 $J(\theta)$ 达到最小或局部最小，如图 5-2 所示。

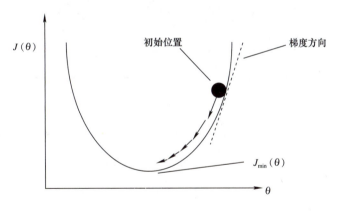

图 5-2 梯度下降法示意图

θ 的更新规则如下：

$$\theta_j = \theta_j - \alpha \frac{\partial J(\theta)}{\partial \theta_j} = \theta_j - \frac{\alpha}{m} \sum_{i=1}^{m} (h_\theta(x^{(i)}) - y^{(i)}) x_j^{(i)} \quad (5\text{-}16)$$

这里的 $\alpha > 0$ 为学习率，代表逼近最低点的速率。学习率也叫步长，它决定了在梯度下降迭代过程中，每一步沿梯度负方向前进的长度。

求解步骤为：在对 θ 取初值的基础上得到初始预测值 $h_\theta(x)$，然后根据式（5-16）得到新的 θ，计算损失函数 $J(\theta)$。然后再根据式（5-16）更新 θ，如此循环，直到 $J(\theta)$ 达到最小，且处于收敛状态时，即为梯度下降法求得的最优解。

α 的选择在梯度下降法中很重要，α 不能太大也不能太小，太小的话，可能导致迟迟走不到最低点，太大的话，会导致错过最低点。实际求解过程中可以用一些数值试验学习率，如 0.001、0.003、0.01、0.03、0.1、0.3、1、3 等，然后根据不同的 α 绘制出 $J(\theta)$ 随迭代部署变化的曲线，筛选出使 $J(\theta)$ 快速下降收敛的 α。

三、多项式回归与正则化

1. 多项式回归

如果训练集的散点图没有呈现出明显的线性关系，也就是不是一条直线，而是类似于一条曲线，就像图 5-3 这样。图 5-3 是 $y = x^2 - 3x - 3$ 增加了噪声后的散点图，下面使用多项式回归对它进行拟合。

```
import numpy as np
import matplotlib.pyplot as plt
np.random.seed(1)
N = 10
x = np.linspace(0,5,N)                    #(0,5)
y = x**2 - 3*x - 3 + np.random.randn(N)   #y = x^2 - 3x - 3
plt.plot(x,y,'ro')
```

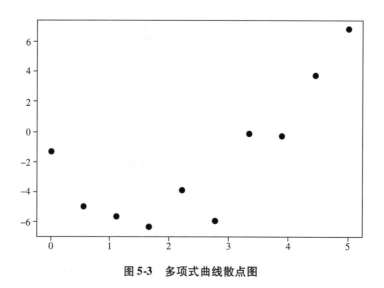

图 5-3　多项式曲线散点图

这里的曲线方程为 $y = ax^2 + bx + c$，如果把 x 和 x^2 当成两个特征，就可以将模型表示为 $y = ax_1 + bx_2 + c$，其中 $x_1 = x^2$，$x_2 = x$。此时的曲线方程就从多项式方程转变为多变量回归方程，但从 x 的角度来看，这个式子依然是一个二次的方程，这就是所谓的多项式回归。多项式回归研究的是一个因变量与一个或多个自变量间多项式的回归分析方法。其中，研究因变量与一个自变量之间多项式的称为一元多项式回归模型，其形式可以表示为 $h(x) = \theta_0 + \theta_1 x + \theta_2 x^2 + \theta_3 x^3 + \cdots + \theta_n x^n$，此时可以通过令 $x_1 = x, x_2 = x^2, x_3 = x^3, \cdots, x_n = x^n$ 将多项式回归问题转化为多变量线性回归问题来解决。

上面二次曲线的线性回归模型拟合代码如下，执行结果如图 5-4 所示。

```
from sklearn.linear_model import LinearRegression    #线性模型中的线性回归算法
X = x.reshape(-1,1)
x2 = np.hstack((X, X**2))                            #转换为2个特征量
lin_reg2 = LinearRegression()                        #使用线性回归进行拟合
lin_reg2.fit(x2,y)
y_pred = lin_reg2.predict(x2)
plt.plot(x,y,'ro')
plt.plot(x,y_pred,color = 'b')                       #绘制拟合曲线
print(lin_reg2.coef_,lin_reg2.intercept_)
```

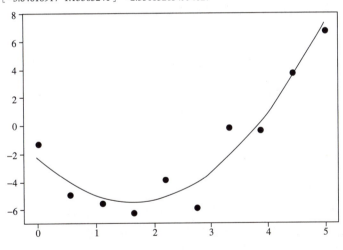

图 5-4　二次曲线的线性回归拟合

通过输出，可见拟合曲线的一次项系数为 -3.8，二次项系数为 1.1，常数项为 -2.3，也就是拟合的曲线函数为 $y = 1.1x^2 - 3.8x - 2.3$，与实际函数比较接近。

上面的代码使用了二次函数进行拟合，但实际中仅根据样本散点图无法直接判定是二次还是更高次函数，就需要采用不同次数的多项式模型进行拟合，并比较拟合的误差损失函数。随着模型阶数的增加，会出现拟合的参数值变得很大、很夸张的情况，有时训练集的效果比测试集效果好很多，出现过拟合现象，这时就需要对参数值大小作一些约束，于

是就有了带正则项的回归。

2. 正则化处理

损失函数 $J = \frac{1}{m}\sum_{i=1}^{m}(y^{(i)} - \theta^T x^{(i)})^2$ 也称为经验风险，通过使经验风险最小化而学到的模型经常会出现过拟合，因此就需要增加正则化项 $R(\theta) = \frac{1}{m}\sum_{j=0}^{n}\theta_j^2$，此时损失函数就变成 $J = \frac{1}{m}\sum_{i=1}^{m}(y^{(i)} - \theta^T x^{(i)})^2 + \lambda R(\theta)$，称为结构风险。其中 λ 为正则化参数，其作用是控制拟合训练数据的目标和保持参数值较小的目标之间的平衡关系。

因此，结构风险最小化得到的模型就可能是一个较好的模型。正则化项 $R(\theta)$ 可以使用 0~2 范数（0 范数即向量中非零元素的个数，1 范数即为绝对值之和，2 范数即通常意义上的模），使用 i 范数的正则化项经常称为 L_i 正则化。这里 1 范数和 0 范数可以实现稀疏，即 θ 中的很多元素为 0；1 范数因具有比 0 范数更好的优化求解特性而被广泛应用；2 范数使得 $\|\theta\|^2$ 最小，可以使得 θ 的每个元素都很小，都接近于 0。

线性回归结合 L_1 正则化项，通常称作 Lasso 回归；线性回归结合 L_2 正则化项，通常称为 Ridge 回归（岭回归）。在 Sklearn 中实现了 Lasso 和 Ridge 两个模型，都在 linear_model 模块中，可以设置参数 alpha（即结构风险公式中的 λ）。

3. 非线性回归

有一些实际应用的问题，因变量和自变量的关系是非线性的，这种情况下的回归问题就是非线性回归。常见的非线性模型有双曲线模型、幂函数模型、指数模型和对数模型。

双曲线模型形式是：$\frac{1}{h(x)} = w_0 + \frac{w_1}{x_1} + \frac{w_2}{x_2} + \ldots + \frac{w_n}{x_n}$

幂函数模型形式是：$h(x) = w_0 x_1^{w_1} x_2^{w_2} x_3^{w_3} \ldots x_n^{w_n}$

指数模型形式是：$h(x) = w_0 e^{w_1 x_1 + w_2 x_2 + \ldots + w_n x_n}$

对数模型形式是：$h(x) = w_0 + w_1 \ln x_1 + w_2 \ln x_2 + \ldots + w_n x_n$

任何一种函数都可以用多项式来逼近，因此非线性回归可以转换为多项式回归。

四、过拟合和欠拟合

机器学习的基本问题是利用模型对数据进行拟合，学习的目的并非是对有限训练集进行正确预测，而是对未曾在训练集合出现的样本能够正确预测。模型对训练集数据的误差称为经验误差，对测试集数据的误差称为泛化误差。模型对训练集以外样本的预测能力就称为模型的泛化能力，追求这种泛化能力始终是机器学习的目标。

过拟合（overfitting）和欠拟合（underfitting）是导致模型泛化能力不高的两种常见原因，都是模型学习能力与数据复杂度之间失配的结果。"欠拟合"常常在模型学习能力较弱而数据复杂度较高的情况下出现，此时模型由于学习能力不足，无法学习到数据集中的"一般规律"，因而导致泛化能力弱。与之相反，"过拟合"常常在模型学习能力过强的情况中出现，此时的模型学习能力太强，以至于将训练集单个样本自身的特点都能捕捉到，并将其认为是"一般规律"，同样这种情况也会导致模型泛化能力下降。

例如，在无人驾驶汽车系统中，遇到红灯时要刹车，如果系统对于红色过于敏感，前方是红色汽车时也刹车了，那就是过拟合；某些情况下出现紧急红灯没有刹车则是欠拟合。

过拟合与欠拟合的区别在于，欠拟合在训练集和测试集上的性能都较差，而过拟合往往能较好地学习训练集数据的性质，而在测试集上的性能较差。在神经网络训练的过程中，欠拟合主要表现为输出结果的高偏差，而过拟合主要表现为输出结果的高方差。

下面结合上面的多项式回归中二次函数例子，来解释欠拟合、过拟合和较好的拟合。

1. 欠拟合

欠拟合指的是模型在训练和预测时表现都不好的情况，需要继续学习。本任务的数据是由二阶多项式生成的，这里使用一阶多项式的线性回归来进行学习和预测，并作出拟合得到的一次函数图像及实际的二次函数图像。

代码如下。由如图 5-5 的执行结果可见，使用一阶多项式是欠拟合的。

```python
from sklearn.preprocessing import PolynomialFeatures
from sklearn.pipeline import Pipeline
def draw(x, y, model):
    plt.plot(x, y, 'ro', label = 'real value')   #用红点绘制带噪声的实际值
    x_plot = x.reshape(-1,1)
    plt.plot(x_plot, x_plot**2 - 3*x_plot - 3, 'k-', label = 'wished value')#黑色真实函数值
    plt.plot(x_plot, model.predict(x_plot), 'b-', label = 'predict value')#蓝色为预测值
    plt.legend(loc = 'upper left')
    plt.show()
model = Pipeline([('poly', PolynomialFeatures()), ('linear', LinearRegression())])
model.set_params(poly_degree = 1)   #用一阶多项式去拟合
X = x.reshape(-1, 1)
model.fit(X, y)
draw(x, y, model)
```

一般情况下解决欠拟合有 3 个方法：

1）添加其他特征项，一般可以通过组合、抽取等得到新的特征。

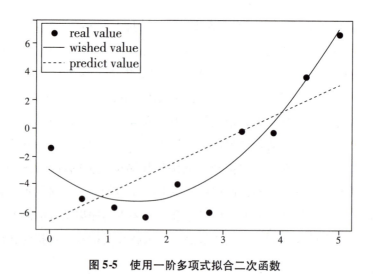

图 5-5　使用一阶多项式拟合二次函数

2）添加多项式特征，例如，将线性模型通过添加二次项或者三次项使模型泛化能力更强。

3）减少正则化参数，正则化的目的是用来防止过拟合的，但是模型出现欠拟合，则需要减少正则化参数。

2. 过拟合

过拟合指的是模型对于训练数据拟合程度过当，造成训练集效果很好，而测试集效果较差的情况。

这里使用九阶多项式来拟合本节数据，并作出图形，如图 5-6 所示，可以明显发现拟合曲线非常"动荡"，存在过拟合现象。同时可以看到模型的参数值有的也比较大。

```
model9 = Pipeline([('poly', PolynomialFeatures(degree = 9)),
                   ('linear', LinearRegression( ))])    #9 阶多项式
model9. fit(X, y)
draw(x, y, model9)
print(model9. get_params('linear')['linear']. coef_)
```

一般情况下解决过拟合一般有 5 个方法：

1）重新清洗数据，出现过拟合有可能是数据不纯导致的。

2）增大数据的训练量，出现过拟合也有可能是训练的数据量太小导致的，训练数据占总数据的比例过小。

3）减少样本的特征维度，有些特征可能对结果的影响非常小，可以忽略。

4）采用正则化方法，正则化方法包括 L_0 正则、L_1 正则和 L_2 正则。

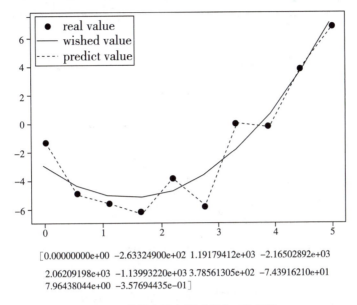

图 5-6　使用九阶多项式拟合二次函数

5）采用 dropout 方法，这个方法在神经网络里面很常用，通俗一点讲就是在训练的时候让神经元以一定的概率不工作。

3. 较好的拟合

理想上，一个好的模型是一个正好介于欠拟合和过拟合之间的模型。这是机器学习的目标，但是实际上很难达到。

通过正则化可以降低模型的复杂度，减少过拟合，这里对得到的过拟合模型加上 L_2 正则化进行训练和预测，并作出所示图形，代码如下。参数值如图 5-7 所示，可以发现误差比不加正则化时小很多，说明正则化可以防止过拟合。

```
from sklearn. linear_model import Lasso, Ridge
model2 = Pipeline([('poly', PolynomialFeatures(degree = 9)), ('ridge', Ridge( ))])
model2. fit(X, y)
draw(x, y, model2)
lin = model2. get_params('ridge')['ridge']
print(lin. coef_)
```

从上面几种拟合结果看到，本案例的数据最好使用二阶多项式进行拟合，虽然该参数和真正的生成函数有一定差距，但是发现拟合效果不错。

可以发现，随着模型不断地学习，在训练集和测试集上的错误都在不断下降。但是，当学习的时间过长后，模型在训练集上的错误将继续下降，这是因为模型已经过拟合并且学习到了训练集中的不恰当的细节以及噪声；同时，测试集上的错误率开始上升，即模型

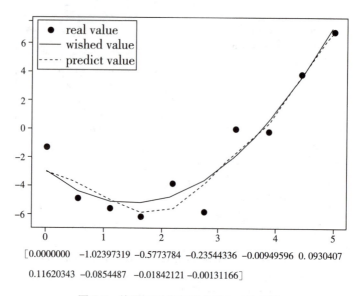

[0.0000000 −1.02397319 −0.5773784 −0.23544336 −0.00949596 0.0930407
 0.11620343 −0.0854487 −0.01842121 −0.00131166]

图5-7　使用正则化多项式拟合二次函数

的泛化能力在下降。这个临界点，即测试集上的错误率开始上升时，模型在训练集和测试集上都有良好的表现。

通常有两种手段可以找到这个完美的临界点：验证集方法和重采样方法。

验证集只是训练集的子集，在训练集上训练好模型之后，在验证集上再进行评估，就会得到一些关于模型在未知数据上的表现的认知。

重采样方法即重复使用样本，最流行的重采样方法是 k 折交叉验证，是指模型在训练数据的子集上训练和验证 k 次，同时建立模型在未知数据上表现的评估。比如 3 折交叉验证，首先将数据随机分为 3 份，首先将第一份数据和第二份数据进行训练，第三份数据进行验证；接着将第二份数据和第三份数据进行训练，第一份数据进行验证；最后将第三份数据和第一份数据进行训练，第二份数据进行验证，并得到模型效果的评估。

任务实施

一、实现思路

在本任务实施过程中，采用了几种不同的回归算法对波士顿房价问题进行拟合。

首先，使用 sklearn.model_selection 模块的 train_test_split() 方法来划分测试集和训练集，该方法常用的参数有：train_data 是所要划分的样本特征集，train_target 是所要划分的样本结果，train_size 是训练集样本占比，test_size 是测试集样本占比，random_state 是随机数的种子，若为 0 则每次会得到不同的结果。

接着，需要定义 R2 函数，用于衡量回归模型对观测值的拟合程度，在统计学上称它为拟合优度的判定系数。它的定义是 R2 = 1 - 回归平方和在总平方和中所占的比率,可见回归平方和(即预测值与实际值的误差平方和)越小,R2 越接近于 1,预测越准确,模型的拟合效果越好。

最后分别使用 Sklearn 中的线性回归模型、多项式回归模型、Lasso 模型和 Ridge 模型对波士顿房价问题进行训练和测试,并比较各回归模型拟合结果的 R2 误差值。

二、程序代码

1. 数据集数据的导入和分析

通过 load_boston() 方法读取该数据集,数据分为 data(输入)与 target(输出)两部分,特征属性名称为 feature_names。为了更好地展示和统计,将数据转换为 Pandas 的 DataFrame 类型,并展示前 5 行数据,结果如图 5-8 所示。

```python
import pandas as pd
from sklearn import datasets
boston = datasets.load_boston()
boston_df = pd.DataFrame(boston.data, columns = boston.feature_names)
print(boston_df.shape)
boston_df.head()
```

```
(506, 13)
      CRIM     ZN  INDUS  CHAS    NOX     RM   AGE     DIS  RAD    TAX  PTRATIO      B  LSTAT
0  0.00632  18.0   2.31   0.0  0.538  6.575  65.2  4.0900  1.0  296.0     15.3  396.90   4.98
1  0.02731   0.0   7.07   0.0  0.469  6.421  78.9  4.9671  2.0  242.0     17.8  396.90   9.14
2  0.02729   0.0   7.07   0.0  0.469  7.185  61.1  4.9671  2.0  242.0     17.8  392.83   4.03
3  0.03237   0.0   2.18   0.0  0.458  6.998  45.8  6.0622  3.0  222.0     18.7  394.63   2.94
4  0.06905   0.0   2.18   0.0  0.458  7.147  54.2  6.0622  3.0  222.0     18.7  396.90   5.33
```

图 5-8 波士顿房价数据展示

可见该数据集有 506 个样本、13 个特征。这里各项特征的含义见表 5-1。

表 5-1 房价数据的特征含义

序号	特征名称	含义
1	CRIM	城镇中人均犯罪率
2	ZN	住宅用地所占比例

(续)

序号	特征名称	含义
3	INDUS	城镇中非商业用地所占比例
4	CHAS	是否在 CHAS（查尔斯河）旁边
5	NOX	环保指标
6	RM	每栋住宅的房间数
7	AGE	1940 年前建成的自住单位的比例
8	DIS	距离 5 个波士顿就业中心的加权距离
9	RAD	距离高速公路的便利指数
10	TAX	每一万美元不动产的税率
11	PTRATIO	城镇中学生教师比例
12	B	城镇中黑人比例
13	LSTAT	地区中低收入群体占比

如下代码所示，将价格 Price 加入到 DataFrame 中，这样可以直观查看每个样本特征值与目标值的对应关系。然后使用 describe() 方法查看数据基本统计，运行结果如图 5-9 所示。

```
boston_df['Price'] = boston.target
boston_df.describe()
```

	CRIM	ZN	INDUS	CHAS	NOX	RM	AGE
count	506.000000	506.000000	506.000000	506.000000	506.000000	506.000000	506.000000
mean	3.593761	11.363636	11.136779	0.069170	0.554695	6.284634	68.574901
std	8.596783	23.322453	6.860353	0.253994	0.115878	0.702617	28.148861
min	0.006320	0.000000	0.460000	0.000000	0.385000	3.561000	2.900000
25%	0.082045	0.000000	5.190000	0.000000	0.449000	5.885500	45.025000
50%	0.256510	0.000000	9.690000	0.000000	0.538000	6.208500	77.500000
75%	3.647423	12.500000	18.100000	0.000000	0.624000	6.623500	94.075000
max	88.976200	100.000000	27.740000	1.000000	0.871000	8.780000	100.000000

图 5-9　波士顿房价数据统计

	DIS	RAD	TAX	PTRATIO	B	LSTAT	Price
	506.000000	506.000000	506.000000	506.000000	506.000000	506.000000	506.000000
	3.795043	9.549407	408.237154	18.455534	356.674032	12.653063	22.532806
	2.105710	8.707259	168.537116	2.164946	91.294864	7.141062	9.197104
	1.129600	1.000000	187.000000	12.600000	0.320000	1.730000	5.000000
	2.100175	4.000000	279.000000	17.400000	375.377500	6.950000	17.025000
	3.207450	5.000000	330.000000	19.050000	391.440000	11.360000	21.200000
	5.188425	24.000000	666.000000	20.200000	396.225000	16.955000	25.000000
	12.126500	24.000000	711.000000	22.000000	396.900000	37.970000	50.000000

图 5-9　波士顿房价数据统计（续）

可以粗略看出，数据全为数值型，数据没有缺失值，CRIM、ZN 等特征很可能存在离群点（第三个四分位点的值和最大值差距很大），不同特征的标准差相差很大需要进行归一化处理，B 特征应该小于 1 但是出现大量错误值。

接下来做出 CRIM、ZN、DIS 这三个的盒图，执行结果如图 5-10 所示。

```
import matplotlib.pyplot as plt
col = ['CRIM', 'ZN', 'DIS']
length = len(col)
for i in range(length):
    plt.subplot(1, length, i + 1)
    plt.boxplot(boston_df[col[i]])
    plt.title(col[i])
plt.tight_layout(True)
plt.show()
```

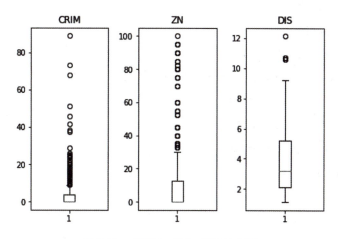

图 5-10　CRIM、ZN、DIS 的盒图

可以看出，CRIM 特征存在大量离群点，可能需要特殊处理；ZN 和 DIS 特征存在少量离群点，可能需要更改离群点的值。

接下来计算各个特征和房价的相关系数，计算结果如图 5-11 所示。

```
for i in range(13):#计算相关系数
    print(boston_df.columns[i],np.corrcoef(boston_df.iloc[:,i],boston_df.iloc[:,13])[0][1])
```

```
CRIM -0.3883046085868114
ZN 0.3604453424505433
INDUS -0.4837251600283728
CHAS 0.17526017719029818
NOX -0.4273207723732824
RM 0.695359947071539
AGE -0.37695456500459606
DIS 0.249928734085903788
RAD -0.38162623063977746
TAX -0.46853593356776696
PTRATIO -0.5077866855375615
B 0.33346081965706637
LSTAT -0.7376627261740148
```

图 5-11 相关系数计算结果

可以看出，RM、LSTAT 相关系数绝对值较大，应该对房价有较大的影响，做出这两者和价格 Price 的散点图，如图 5-12 所示，可以看出明显的线性关系。

```
col = ['RM', 'LSTAT']
length = len(col)
for i in range(length):
    plt.subplot(1, length, i + 1)
    plt.plot(boston_df[col[i]], boston_df['Price'], 'bo')
    plt.xlabel(col[i])    # x 轴标签
    plt.ylabel('Price')    # y 轴标签
    plt.title(str(col[i]) + ' & Price')
plt.tight_layout(True)
plt.show()
```

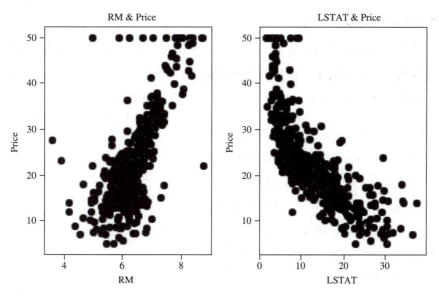

图 5-12　RM、LSTAT 与价格的散点图

2. 划分数据集并定义 R2 函数

下面对数据集划分为训练集和测试集，并查看各自数组的形状，执行结果如图 5-13 所示。

```
from sklearn.model_selection import train_test_split
train_x, test_x, train_y, test_y = train_test_split(boston_df.iloc[:, :13], boston_df.iloc[:, 13], test_size=0.3, random_state=1, train_size=0.7)#划分为训练集和测试集,训练集占比70%
print(train_x.shape, test_x.shape)
```

(354, 13) (152, 13)

图 5-13　训练集和测试集形状

定义用于衡量回归模型拟合程度的 R2 函数如下。

```
def get_R2(test_y, y_res):
    SST = np.sum((test_y - np.mean(test_y))**2)
    SSE = np.sum((y_res - test_y)**2)
    R2 = 1 - SSE/SST
    return R2
```

3. 使用线性回归模型拟合

假设房价和各特征存在线性关系，就可以采用多变量线性回归模型进行数据拟合。

首先初始化线性回归模型，然后使用训练集进行训练，使用测试集进行预测。分别计算在训练集和测试集上的 R2 值，以及模型参数，执行结果如图 5-14 所示。

```
from sklearn.linear_model import LinearRegression
lin = LinearRegression()              #初始化模型
lin.fit(train_x, train_y)             #模型训练
y_res = lin.predict(test_x)           #模型预测
print('训练集:', get_R2(train_y, lin.predict(train_x)))
    print('测试集:', get_R2(test_y, y_res))
    print(lin.coef_)
```

```
训练集: 0.7103879080674731
测试集: 0.7836295385076268
[-9.85424717e-02  6.07841138e-02  5.91715401e-02  2.43955988e+00
 -2.14699650e+01  2.79581385e+00  3.57459778e-03 -1.51627218e+00
  3.07541745e-01 -1.12800166e-02 -1.00546640e+00  6.45018446e-03
 -5.68834539e-01]
```

图 5-14　训练集和测试集拟合效果

可以看出，Sklearn 将模型封装得非常好，简单的几步操作就能完成模型的训练和预测。通过输出 R2 误差，可以查看训练效果和预测效果。简单使用多变量线性回归，训练集和测试集的 R2 都比较小，可以看出学习效果并不理想，出现欠拟合现象。所以可以使用多项式回归进行训练和预测，解决欠拟合问题。

4. 使用多项式回归模型拟合

这里假设房价和各特征的多项式存在线性关系，进行数据拟合。

使用二阶多项式，用到了 sklearn.preprocessing 模块的 PolynomialFeatures() 方法，常用参数有：

degree 是多项式阶数，默认为 2。

interaction_only 是指是否会产生相互影响的特征集，默认是 false。相互影响的特征集的解释：例如有 a、b 两个特征，那么它的 2 次多项式的次数即特征集就会是 [1, a, b, a^2, ab, b^2]，如果 interaction_only 为 false，那么就不会有特征自己和自己结合的项，上面的二次项中没有 a^2 和 b^2。

这里还用到了 sklearn.pipeline 模块的 Pipeline() 方法，即管道机制，可以按顺序构建一系列转换和一个模型，最后一步是模型。参数给定一个带有名称和步骤的列表即可。

Pipeline 构造器接受（name，transform）元组的列表作为参数，按顺序执行列表中的 transform，完成数据预处理。需要注意的是：

1）除了最后一个 transform，其余的 transform 必须实现 fit_transform 函数。

2）上一个 transform 类中 fit_transform 函数的返回值作为下一个 transform 类 fit_transform 函数的参数。

3）fit_transform 返回值为 numpy array。

下面是多项式回归的模型训练和预测的代码，输出结果如图 5-15 所示。

```
from sklearn.preprocessing import PolynomialFeatures
from sklearn.pipeline import Pipeline
model = Pipeline([('poly', PolynomialFeatures(degree=2)), ('Lin', LinearRegression())])
model.fit(train_x, train_y)            #模型训练
y_res = model.predict(train_x)
print('训练集:', get_R2(train_y, y_res))
y_res = model.predict(test_x)          #模型预测
print('测试集:', get_R2(test_y, y_res))
```

```
训练集： 0.9315216269307339
测试集： 0.804380392859082
```

图 5-15　多项式回归拟合效果

可以看出使用多项式回归比单纯线性回归效果要好。多项式回归中训练集的效果比测试集效果好很多，可能出现过拟合现象。后面将使用正则化线性回归进行训练和预测，解决过拟合问题。

和线性回归进行对比，查看各个参数的值，使用二阶多项式后，参数个数变成 105 个，这里只展示了前 12 个，如图 5-16 所示。

```
coef = model.get_params('Lin')['Lin'].coef_
print(len(coef))
print(coef[:12])
```

```
105
[-1.11689525e-07 -3.40027624e+00  6.12113548e-01 -6.34227951e+00
  3.67413602e+01  2.29291293e+02  2.87301389e+01  1.04065248e+00
 -8.08701785e+00 -9.95683471e-01  1.33322990e-01  6.67497262e+00]
```

图 5-16　多项式回归模型参数

5. 正则化处理后的拟合

Lasso 模型和 Ridge 模型的训练和预测代码如下，得到训练集和测试集上的 R2 值如图 5-17 所示。

```python
from sklearn.linear_model import Lasso, Ridge
model_l = Pipeline([('poly', PolynomialFeatures(degree=2)), ('lasso', Lasso())])
model_l.fit(train_x, train_y)   #模型训练
y_res = model_l.predict(train_x)
print('lasso 训练集：', get_R2(train_y, y_res))
y_res = model_l.predict(test_x)   #模型预测
print('lasso 测试集：', get_R2(test_y, y_res))
model_r = Pipeline([('poly', PolynomialFeatures(degree=2)), ('ridge', Ridge())])
model_r.fit(train_x, train_y)   #模型训练
y_res = model_r.predict(train_x)
print('ridge 训练集：', get_R2(train_y, y_res))
y_res = model_r.predict(test_x)   #模型预测
print('ridge 测试集：', get_R2(test_y, y_res))
```

```
lasso训练集： 0.8644989339797647
lasso测试集： 0.8701731820060759
ridge训练集： 0.9198910467423139
ridge测试集： 0.8278735812605468
```

图 5-17　Lasso 回归和 Ridge 回归拟合效果

三、结果分析

通过对房价案例问题采用不同的回归算法拟合的过程，可以看到对该问题采用多项式回归时训练集误差最小但可能出现过拟合，正则化回归时训练集和测试集误差都相对较小，所以选择哪种算法还要结合具体案例具体分析，通过不断调参优化，才能得到最好的预测效果。

单元总结

本单元学习了线性回归、多项式回归、Lasso 回归、Ridge 回归的模型和 Sklearn 中对应的回归算法的调用方法，并且使用 Sklearn 中不同的回归算法完成了波士顿房价预测的任务。

单元评价

请根据任务完成情况填写表 5-2 的掌握情况评价表。

表 5-2　单元学习内容掌握情况评价表

评价项目	评价标准	分值	学生自评	教师评价
单变量线性回归	能够掌握单变量线性回归方程及损失函数的定义，最小二乘法求解过程	20		
多变量线性回归	能够掌握多变量线性回归方程损失函数的定义，最小二乘法、梯度下降法求解过程	20		
多项式回归	能够掌握多项式回归求解方法，以及正则化处理原理	20		
过拟合和欠拟合	能够掌握过拟合和欠拟合的概念，以及处理过拟合和欠拟合的一般方法	20		
回归算法调用	能够掌握 Sklearn 中线性回归、多项式回归等算法的调用方法	20		

单\元\习\题

一、单选题

1. 评价回归模型拟合效果的函数称为（　　）。
   A. 回归函数　　　　　　B. 拟合函数
   C. 损失函数　　　　　　D. 评价函数

2. 回归问题求解损失函数最小值的一种方法是令损失函数偏导数为 0 求得解析解，另一种是（　　）。
   A. 验证法　　　　　　　B. 留出法
   C. 梯度下降法　　　　　D. 解析法

3. 使用梯度下降法对模型参数进行迭代求解过程中的 α 称为（　　）。
   A. 迭代系数　　　　　　B. 学习率
   C. 收敛率　　　　　　　D. 优化系数

4. 如果得到的模型在训练集中拟合得很好，而对测试数据的预测效果不好，这种现象被称为（　　）。

  A. 欠拟合　　　　　　　　B. 过拟合
  C. 失步　　　　　　　　　D. 无效

二、简答题

1. 简述调用 Sklearn 中线性回归模型解决波士顿房价预测问题的步骤。
2. 简述过拟合、欠拟合的现象及处理方法。
3. 简述样本集数据划分函数 train_test_split 的用法。
4. 简述房价拟合案例中，调用 Sklearn 的多变量线性回归模型和多项式回归模型进行拟合的主要步骤和方法。

Chapter 6

单元6
分类算法

学习情境

分类问题是机器学习乃至日常生活中常见的一类问题，它是通过一个模型来判断输入数据所属的类别，比如判断用户的评论是正面还是负面、根据贷款人还款经历判断其信用是否良好等。在本单元中将学习 K 近邻、感知机、逻辑回归、随机森林、支持向量机、决策树、朴素贝叶斯等分类算法的原理以及这些算法在 Sklearn 中的调用方法。

学习目标

◆ 知识目标
   学习分类算法的原理
   掌握 Sklearn 中分类算法的调用
◆ 能力目标
   能够调用 Sklearn 中的算法模型进行分类问题的处理
◆ 职业素养目标
   培养学生对复杂问题的分析能力和动手解决能力

任务 1　手写数字的分类识别

任务描述

在 Sklearn 自带的手写数字数据集中，包含了 1797 个手写数字的样本数据，这些样本有 10 个分类，分别代表了 0 ~ 9 这 10 个数字。样本的特征维度是 64，对应了每组数据的 8 × 8 个像素点矩阵，矩阵中值的范围是 0 ~ 16，代表了颜色的深度。例如，图 6-1 的左图就是手写数字的样本矩阵，右图则是一些数字图像。

0	0	5	13	9	1	0	0
0	0	13	15	10	15	5	0
0	3	15	2	0	11	8	0
0	4	12	0	0	8	8	0
0	5	8	0	0	9	8	0
0	4	11	0	1	12	7	0
0	2	14	5	10	12	0	0
0	0	6	13	10	0	0	0

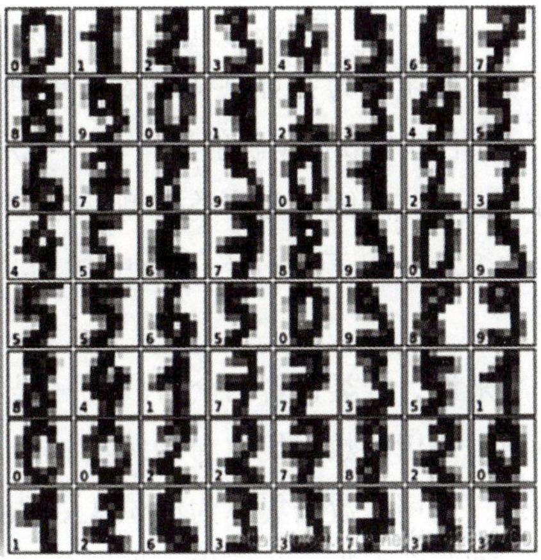

图 6-1　手写数字样本矩阵和一些数字图像

本任务的目的是使用数据集样本训练模型，能对测试样本中的手写数字进行分类预测，并根据该样本的实际标签来检验预测的效果。

任务目标

- ◆ 学习 KNN、感知机、逻辑回归、支持向量机、决策树等分类算法的原理
- ◆ 掌握使用 Sklearn 中的算法模型解决分类问题的方法

知识准备

分类属于一种有监督学习，模型的学习是在被告知每一个训练样本属于哪个类的“监

督"下进行的。与之相对应的是聚类，每个训练样本没有类别标签，属于无监督学习。

分类问题是机器学习的基础问题，目的是学会一个分类模型（也经常称作分类函数或者分类器），该模型能把数据集中的数据项对应到给定类别中的某一个类别。分类与上一单元介绍的回归最大的不同是分类的因变量是离散的，比如预测房价是多少属于回归问题，但是预测房价会上涨还是下跌就是分类问题。典型的分类实例还有：判断一封电子邮件是否是垃圾邮件；判断一次金融交易是否存在欺诈嫌疑；根据肿瘤大小判断肿瘤是恶性还是良性等。

一、分类的基本概念

分类的目的是学会一个分类模型，该模型能把数据集中的数据项映射到某一个类别。

1. 分类定义

分类的数据集是由一条条记录组成的，每条记录（或者称为数据）包含若干属性，组成一个特征向量，另外还包含一个特定的标签，例如 $(x^{(1)}, x^{(2)}, x^{(3)} \cdots, x^{(n)}, y)$，$x^{(i)}$ ($i = 1, 2, 3, \cdots$) 表示第 i 个属性，y 表示类别。

分类可以定义为：对现有的数据集进行学习，得到一个目标函数 $y = f(x)$ 或者规则 $P(y|x)$，把每个数据 x 映射到一个预先定义的类标号 y。

目标函数或规则也称分类模型，分类模型有两个主要作用：一是描述性建模，即作为解释性的工具，用于区分不同类中的对象；二是预测性建模，即用于预测未知记录的类标号。

一般来说，分类包含两个阶段：一是学习阶段，也称为训练阶段，即通过数据集学习分类模型，使用的数据集称为训练集；二是预测阶段，即通过学习到的分类模型预测数据集的类别，使用的数据集称为测试集（很多时候，为了达到较好的学习效果，会在训练集中留出一部分数据作为验证集，根据分类模型在验证集上的效果再调整模型的参数）。

2. 分类结果评价

有很多指标可以用来评价分类结果，比如正确率、精确率、召回率、ROC 曲线、AUC 值等。

（1）正确率

正确率也称为准确率，即分类正确的样本数占所有样本数的比例。

（2）混淆矩阵

正确率是评价分类效果的一个指标，但是有的时候并不能公正地评价一个模型。比如，有一个数据集，正样本（或者称为正例）占比 99%，负样本（或者称为负例）占比 1%，那么将所有样本预测为正样本，正确率为 99%，但是很显然这个模型并没有用，因为很多时候正确预测出负样本更加有用，比如预测一个人是否患有某项疾病。

混淆矩阵可以作为分类问题一个比较基本的可视化工具，通常来说混淆矩阵的行代的是实际类别，列代表的是预测的类别，见表6-1。

表6-1 混淆矩阵

	预测值1	预测值0
实际值1	TP	FN
实际值0	FP	TN

表中的样本有以下4种情况：

1）真正例（True Positive，TP）：将一个正例正确判断为正例。

2）伪正例（False Positive，FP）：将一个反例错误判断为正例。

3）真反例（True Negative，TN）：将一个反例正确判断为反例。

4）伪反例（False Negative，FN）：将一个正例错误判断为反例。

可以看出来，对角线上的是每一类别被正确预测的数量（或者概率），意味着一个好的分类器的混淆矩阵应该是对角线上的数据越大越好，而在非对角线区域越接近0越好。

那么，正确率的计算为：Accuracy =（TP + TN）/（TP + TN + FP + FN）。

经常使用的有精确率（Precision）、召回率（Recall）、F_1值。

精确率的定义为：预测为正例的样本中，真正为正例的比率，Precision = TP /（TP + FP）。

召回率的定义：预测为正例中的真实正例占所有真实正例的比例，Recall = TP /（TP + FN）。

F_1值是精确率和召回率的调和均值，$2/F_1 = 1/$ Precision $+ 1/$ Recall。

例：某份数据集分类结果的混淆矩阵见表6-2。

表6-2 混淆矩阵

	预测值1	预测值0
实际值1	6	3
实际值0	4	7

正确率：Accuracy =（6 + 7）/（6 + 3 + 4 + 7）= 13/20 = 65%

精确率：Precision = 6 /（6 + 4）= 60%

召回率：Recall = 6 /（6 + 3）≈ 66.7%

F_1值：F_1 =（2 * 0.6 * 0.667）/（0.6 + 0.667）≈ 63.2%

(3) ROC 曲线

ROC 曲线的全称是 Receiver Operating Characteristic Curve（接受者操作特征曲线），要

了解 ROC 曲线，需要先了解真正类率和伪正类率。

真正类率（Ture Positive Rate，TPR）：预测为正例且实际为正例的样本占所有正样本的比例，实际就是召回率。TPR = Recall = TP／（TP + FN）。

伪正类率（False Positive Rate，FPR）：预测为正例但实际为负例的样本占所有负样本的比例。FPR = FP／（FP + TN）。

ROC 曲线就是对一个分类器给定一些阈值，每一个阈值都可以得到一组（FPR，TPR），以 FPR 为横坐标，TPR 为纵坐标，就能够画出 ROC 图。

AUC（Area Under Curve）被定义为 ROC 曲线下的面积，也可以认为是 ROC 曲线下面积占单位面积的比例，显然这个面积的数值不会大于 1。又由于 ROC 曲线一般都处于 $y = x$ 这条直线的上方，所以 AUC 的取值范围一般在 0.5 和 1 之间。AUC 值越大，分类器效果越好。

二、KNN 算法

KNN（K – NearestNeighbor，K 最近邻），也称为 K 近邻算法，是分类算法中最简单的方法之一。所谓 K 最近邻，就是每个样本都可以用它最接近的 k 个邻居来代表。

1. KNN 算法基础

KNN 算法的核心思想是如果一个样本在特征空间中的 k 个最相邻的样本中的大多数属于某一个类别，则该样本也属于这个类别。

算法的流程是：

1）计算样本数据和待分类数据的距离。

2）选择 k 个与待分类数据距离最近的样本。

3）k 个样本投票表决待分类数据的类别为 category。

4）待分类数据标记为 category。

这里投票表决有两种方式：

● 投票决定：少数服从多数，近邻中哪个类别的点最多就分为该类。

● 加权投票决定：根据距离的远近，对近邻的投票进行加权，距离越近则权重越大（权重为距离平方的倒数）。

特别值得注意的是，最简单的 KNN 算法没有训练过程，直接统计距离待分类数据最近的 k 个样本类型，选择最多的类型即可。

下面通过图 6-2 中的一个简单的例子进行说明，图中有两个类：三角形和正方形，现在使用 KNN 算法决定圆属于哪个类。

如果 $k = 1$，离圆最近的是三角形，则判定为三角形；如果 $k = 3$，三角形有 1 个，但是正方形有 2 个，因此判定为正方形；如果 $k = 5$，三角形有 3 个，正方形有 2 个，则判定为三角形。

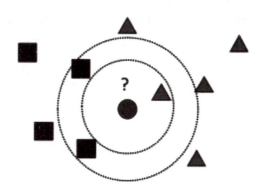

图 6-2　KNN 分类的示意图

由上例也可以看出，最为基础的 KNN 算法没有训练过程，直接计算距离得到待分类数据最近的 k 个样本，再进行投票表决即可。同时，也说明了 KNN 算法的结果很大程度取决于 k 的选择。

2. 算法的改进

KNN 算法在预测样本分类时，需要计算待分类样本和所有数据样本的距离，复杂度非常高，并且准确率可能不高。因此可以从降低计算复杂度和提高准确率两个方面来进行改进。

（1）降低计算复杂度的改进方法

1）基于特征降维的改进方法。特征数量越多，KNN 算法的时间复杂度越大，因此特征降维明显能够降低计算开销。一般来说，特征降维方法分为特征选择和特征抽取两种，特征选择是抽取出原始特征中区分能力较强的特征项；特征抽取是根据某一原则构造由原始特征集到新特征集的转换关系，将分散在大量原始特征中的分类信息尽量集中到新的少量特征中。二者的区别在于经特征选择生成的新特征集是原始特征集的子集，而经特征抽取生成的新特征集不是原始特征集的子集。

2）基于减少数据样本的改进方法。KNN 算法基于实例学习，样本量越多，KNN 算法的时间复杂度越大，因此对训练集进行优化能够降低计算开销。训练集优化一般可以通过删除离群点、选择代表性样本等方式来实现。

3）基于高效的近邻搜索的改进方法。KNN 算法是一种惰性学习方法，不事先建立分类模型，对于每个新样本都要计算其与所有训练样本之间的距离，才能决定新样本的分类。因此，可以通过 kd 树、球树等特殊的数据结构来存储训练数据，减少计算距离的次数。

（2）提高算法准确率的改进方法

1）基于特征加权的改进。KNN 算法平等对待各个特征，然而现实生活中，有些特征非常有用，而有些特征可能根本没有用。因此有必要计算各个特征对分类的贡献程度，贡献程度越高的特征，预测的分类结果越准确（当然，特征降维也能有较好的效果）。

2）基于类别判别策略的改进。KNN 算法平等对待每个近邻，即判断待分类样本所属类别时，直接对 k 个近邻进行简单的投票表决。根据直观理解，距离待分类样本越近的数据点应该对结果的影响越大。因此可以采用加权投票方式，即根据距离的远近，对近邻的投票进行加权，距离越近则权重越大（权重可以为距离平方的倒数）。

3. 了解 KNN 算法优缺点

算法的优点：

1）算法简单，易理解，易实现。

2）适合对稀有事件进行分类。

3）适合多分类问题。

4）重新训练的代价较低（实际应用中经常会有类别体系或者训练集发生变化的情况）。

5）对于类域交叉或重叠较多的样本集，KNN 算法比其他算法效果好。

算法的缺点：

1）懒惰算法，分类速度慢。

2）可解释性较差，无法给出决策树那样的规则。

3）k 值不好确定。k 值过小，导致近邻数量过少，会降低分类精度，同时会增加噪声数据的干扰；k 值过大，可能导致近邻中包含并不相似的数据，分类效果不好。

4）不能处理样本不均衡的数据集。如果一个类的样本容量很大，而其他类样本容量很小时，有可能导致当输入一个新样本时，该样本的 k 个邻居中大容量类的样本占多数，从而分类不准确。

三、感知机算法

感知机（Perceptron）也称为感知器，是 Frank Rosenblatt 在 1957 年就职于 Cornell 航空实验室时发明的一种人工神经网络，是线性分类模型，只能将实例分为正类和负类两个类别。

1. 算法原理

首先介绍符号函数，符号函数能将实数集上所有的 x 转换为 1 或者 -1（即正类或者负类），函数为：$\text{sign}(x) = \begin{cases} 1, x \geq 0 \\ -1, x < 0 \end{cases}$

给定数据样本 $\{(x_1, y_1), (x_2, y_2), (x_3, y_3), \cdots, (x_n, y_n)\}$（$x_i$ 表示第 i 个样本），其中某个样本的 $x = (x^{(1)}, x^{(2)}, x^{(3)}, \cdots, x^{(m)})^\text{T}$（$x^{(j)}$ 表示样本 x 的第 j 个特征），$y \in \{1, -1\}$。

对于某个数据样本 x，感知机能将其映射到 1 或者 -1，函数为：$f(x) = \text{sign}(w_1 x^{(1)} + w_2 x^{(2)} + w_3 x^{(3)} + \cdots + w_m x^{(m)} + b)$。其中，参数 w_1、w_2 等称为权重向量，b 称为偏置。为了函数的简洁，有些时候将 b 作为 w_0，同时增加一个样本特征 $x^{(0)} = 1$，这样函数就变成：$f(x) = \text{sign}(w_0 x^{(0)} + w_1 x^{(1)} + w_2 x^{(2)} + w_3 x^{(3)} + \cdots + w_m x^{(m)})$。写成向量形式：$f(x) = \text{sign}$

$(w^T x)$,其中 $w = (w_0, w_1, w_2, \cdots, w_m)^T$,$x = (x^{(0)}, x^{(1)}, x^{(2)}, \cdots, x^{(m)})^T$。$x$ 可以被称为增广向量。

接下来,需要找到一个最佳的 w 和 b 的值,即确定一个分离超平面(Separating Hyperplane)将正类和负类样本分开,如图 6-3 所示。

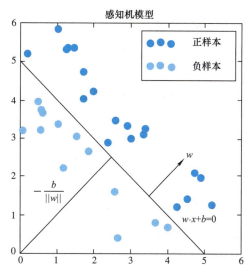

图 6-3 感知机算法示意图

定义一个损失函数 $Loss(w, b) = -\sum_{x_i \in M} y_i (w x_i + b)$,其中 M 是错误分类点的集合,也就是说,当 y_i 为 1 时,$wx_i + b$ 小于 0;当 y_i 为 -1 时,$wx_i + b$ 大于 0。

如果想让错误分类点越少,则损失函数越小,因此让 w 和 b 沿着其梯度方向进行更新,能够使得损失函数减小到一定的值,对 w 和 b 求导得到:

$$\nabla_w Loss(w, b) = -\sum_{x_i \in M} y_i x_i$$

$$\nabla_b Loss(w, b) = -\sum_{x_i \in M} y_i$$

按照梯度下降法,用所有错误分类点来更新 w 和 b,有:

$$w_t = w_{t-1} + \sum_{x_i \in M} y_i x_i$$

$$b_t = b_{t-1} + \sum_{x_i \in M} y_i$$

但是这种方式计算量非常大,可以采用随机梯度下降法,即随机使用一个错误分类点来更新 w 和 b,有:

$$w_t = w_{t-1} + y_i x_i$$

$$b_t = b_{t-1} + y_i$$

通常情况下,会增加一个学习率 η($0 < \eta \leq 1$)使得每一次更新变化合适。这样就可以

使损失函数不断变小。

2. 算法步骤

感知机算法的一般算法步骤是：

1）选择初始值 w_0，b_0；

2）选择一个训练样本 (x_i, y_i)；

3）如果 $y_i(wx_i + b) \leq 0$，即该点分类错误，则更新 w 和 b：

$w \leftarrow w + \eta y_i x_i$

$b \leftarrow b + \eta y_i$

4）重复2）、3）步，直至迭代一定次数或者训练集中没有错误分类点。

例：数据集中有两个类别，正类样本点 $\{(0\ 0\ 0)^T, (1\ 0\ 0)^T\}$，负类样本点 $\{(0\ 0\ 1)^T, (0\ 1\ 1)^T\}$，求解感知机模型参数。给定样本 $x = (1\ 1\ 0)^T$，求样本类型。

首先，赋初值 $w(1) = (2, -2, -2, 0)$。

其次，将所有样本点写成增广向量形式，并将负类样本点全部乘以 -1（这样计算过程中就不用考虑 y_i）。则正类样本点为 $\{(0\ 0\ 0\ 1)^T, (1\ 0\ 0\ 1)^T\}$，负类样本点为 $\{(0\ 0\ -1\ -1)^T, (0\ -1\ -1\ -1)^T\}$。

接着，按照步骤求解感知机模型的参数：

1）取 $x1 = (0\ 0\ 0\ 1)^T$，$w(1)^T \times x1 = 0 \not> 0$，$w(2) = w(1) + x1 = (2\ -2\ -2\ 1)^T$。

2）取 $x2 = (1\ 0\ 0\ 1)^T$，$w(2)^T \times x2 = 3 > 0$，$w(3) = w(2)$。

3）取 $x3 = (0\ 0\ -1\ -1)^T$，$w(3)^T \times x3 = 1 > 0$，$w(4) = w(3)$。

4）取 $x4 = (0\ -1\ -1\ -1)^T$，$w(4)^T \times x4 = 3 > 0$，$w(5) = w(4)$。

5）取 $x1 = (0\ 0\ 0\ 1)^T$，$w(5)^T \times x1 = 1 > 0$。

6）由 2)~5) 可知，所有样本点全部分类正确。

故权向量的解为：$w^* = (2\ -2\ -2\ 1)^T$。

分类超平面为：$f(x) = 2x_1 - 2x_2 - 2x_3 + 1 = 0$。

对于给定的样本 x，$f(x) = 2 - 2 - 0 + 1 = 1$，因此是正类。

---

3. 算法优缺点

优点：

1）算法较为简单，易于实现。

2）在样本线性可分情况下，学习率合适时，算法具有收敛性。

缺点：

1）只能处理线性可分数据。

2）初始值敏感，不同初始值可能得到不同的结果。

3）无法判断样本是否线性可分。

4）收敛速度慢。

四、逻辑回归算法

逻辑回归（Logistic Regression）不是回归算法，而是一种经典分类方法。逻辑回归与线性回归有很多相同之处，最大的区别就在于它们的因变量分别是离散值和连续值，其他的基本相似。逻辑回归是用概率的方式预测属于某一分类的概率值。如果概率值超过50%则属于某一分类。

1. 逻辑函数

逻辑回归的因变量可以是二分类的，也可以是多分类的，但是二分类的更为常用，也更加容易解释。

首先介绍逻辑函数，也称为 Sigmoid 函数或 S 函数，函数公式为：

$$g(z) = \frac{1}{1+e^{-z}} \tag{6-1}$$

函数曲线如图 6-4 所示，当 z 趋近于无穷大时，$g(z)$ 趋近于 1；当 z 趋近于无穷小时，$g(z)$ 趋近于 0。这样，对于任何值，都可以将其转换到 0~1 之间。

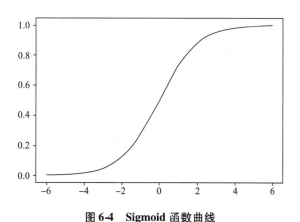

图 6-4　Sigmoid 函数曲线

逻辑函数有两个很好的性质：

1）$g(-z) = 1 - g(z)$，即逻辑函数关于（0，1/2）点中心对称。

2）$g(z)$ 的导数等于 $g(z) \times (1 - g(z))$。

逻辑回归就是对分类问题假设其满足逻辑函数，即通过函数 $g(z)$ 对分类函数 h 中的

表达式 $\theta^T x$ 进行变换：

$$h_\theta(x) = g(\theta^T x) = \frac{1}{1+e^{-\theta^T x}} \tag{6-2}$$

这样将 $\theta^T x$ 的取值"挤压"到 [0, 1] 范围内，因此可以将 $h_\theta(x)$ 视为分类结果取 1 的概率。这个公式与线性回归方程有点相似，仅多了逻辑函数这一项。x 依旧是特征数据，θ 依旧是每个特征所对应的参数。

假设分类结果 y 的取值只有 0 和 1（即负例和正例），那么在已知 x 情况下 y 取 1 和 0 的概率分别是：

$$P(y=1 \mid x) = h_\theta(x) \text{ 和 } P(y=0 \mid x) = 1 - h_\theta(x)$$

将两个式子合并一下就是：

$$P(y \mid x) = (h_\theta(x))^y (1 - h_\theta(x))^{1-y} \tag{6-3}$$

下面应用极大似然估计法估计模型参数，就可以得到逻辑回归模型。

2. 逻辑回归的梯度下降法求解

逻辑回归的参数如何求解呢？之前在推导线性回归时得出了损失函数，然后用最小二乘法或梯度下降法进行优化求解，这里貌似只多一项 S 函数，求解的方式还是一样的。

首先引入似然和似然函数的概念：

似然与概率都是指可能性，概率是在特定环境下事情发生的可能性，描述了参数已知时随机变量的输出结果；似然则是在确定的结果下去推测产生该结果的可能参数，用来描述已知随机变量输出结果时，未知参数的可能取值。概率函数通常用 $P(x \mid \theta)$ 表示，而似然函数表示为 $L(\theta \mid x)$。似然函数的值越大说明该事件在对应的条件下发生的可能性越大，这个就是最大似然或者叫极大似然。

似然函数是一种关于统计模型参数的函数。给定输出 x 时，关于参数 θ 的似然函数 $L(\theta \mid x)$（在数值上）等于给定参数 θ 后变量 X 的概率：$L(\theta \mid x) = P(X = x \mid \theta)$，即：

$$L(\theta) = \prod_{i=1}^{m} P(y^{(i)} \mid x^{(i)}; \theta) = \prod_{i=1}^{m} (h_\theta(x^{(i)}))^{y^{(i)}} (1 - h_\theta(x^{(i)}))^{1-y^{(i)}} \tag{6-4}$$

式中，上标 i 是样本的编号。对上式两边取对数，进行化简，结果如下：

$$l(\theta) = \log L(\theta) = \sum_{i=1}^{m} [y^{(i)} \log h_\theta(x^{(i)}) + (1 - y^{(i)}) \log(1 - h_\theta(x^{(i)}))] \tag{6-5}$$

在线性回归中是求目标函数的极小值，但是现在要求的目标却是极大值（极大似然估计），只需取目标函数的相反数即可：

$$J(\theta) = -\frac{1}{m} l(\theta) \tag{6-6}$$

此时，只需求 J 函数的最小值，照样去求偏导。但是当令 J 函数导数为 0 时，无法求得解析解，所以需要借助迭代的方法去寻求最优解。

这里最常用的迭代方法就是梯度下降法：首先对 J 求导：

$$\frac{\partial J(\theta)}{\partial \theta_j} = -\frac{1}{m}\sum_{i=1}^{m}(y^{(i)} - g(\theta^T x^{(i)}))x_j^{(i)} = \frac{1}{m}\sum_{i=1}^{m}(h_\theta(x^{(i)}) - y^{(i)})x_j^{(i)} \quad (6\text{-}7)$$

式中，上标 i 是样本编号；下标 j 是特征编号。然后，再应用梯度下降法的迭代公式：

$$\theta_j = \theta_j - \alpha\frac{\partial J(\theta)}{\partial \theta_j} = \theta_j - \frac{\alpha}{m}\sum_{i=1}^{m}(h_\theta(x^{(i)}) - y^{(i)})x_j^{(i)} \quad (6\text{-}8)$$

式中，α 是学习率。在每一次迭代过程中根据给定的训练集就会得到一个新的参数值解 θ_j，迭代终止的条件是将得到的参数值 θ_j 代入逻辑回归的损失函数中，求出代价值，与上一次迭代得到的代价值相减，结果小于某个阈值则立即停止迭代，此时得到最终解。

3. 多分类的问题

前边讨论的都是二分类的问题，即预测结果只有两种类比：0 和 1，但是在许多实际的问题中，分类结果有多种可能，比如天气分为晴天、阴天、雨天等，还有机器学习中比较有名的鸢尾花数据集，就分为 3 类。

这里通常采用的一种处理方式就是 one vs all（一对多）的方法，对于有 k 个类别的数据，可以把问题分割成 k 个二值分类问题，每个二值分类问题计算当前预测的 y 属于其中一个分类的概率。

例如，一个 3 分类问题 0、1 和 2，首先创建一个二元分类器对 0 类和非 0 类（即 1、2）的训练样本采用逻辑回归进行参数求解，然后计算预测样本 y 属于 0 类和非 0 类的概率；然后创建 1 类和非 1 类的二元分类器，通过逻辑回归预测样本 y 属于 1 类和非 1 类的概率；再创建 2 类和非 2 类的二元分类器，通过逻辑回归预测 y 属于 2 类和非 2 类的概率；最后将这 3 个分类器中概率最大的作为结果。这种方式是将一个多分类问题转化为多个二值分类器。

4. 逻辑回归算法优缺点

优点：

1）实现简单，广泛应用于工业问题上。
2）计算量非常小，速度很快，存储资源低。
3）容易解释。

缺点：

1）当特征空间很大时，逻辑回归的性能不是很好。
2）容易欠拟合，一般准确度不是太高。
3）不能很好地处理大量多类特征或变量。
4）对于非线性特征，需要进行转换。

五、支持向量机

SVM（Support Vector Machine，支持向量机）是 Cortes 和 Vapnik 于 1995 年首先提出的，

它在解决小样本、非线性及高维模式识别中表现出许多特有的优势，并能够推广应用到函数拟合等其他机器学习问题中。

1. SVM 理论基础

现在有一个二维平面，平面上有两种线性可分的不同的数据，分别用〇和×表示，因此可以用一条直线将这两类数据分开，这条直线相当于一个超平面，超平面一边的数据点所对应的 y 值全是 -1，另一边所对应的 y 值全是 1，如图 6-5 中的左图所示。

这个超平面可以用分类函数 $f(x) = w^T x + b$ 表示，当 $f(x)$ 等于 0 的时候，x 便是位于超平面上的点，而 $f(x)$ 大于 0 的点对应 $y = 1$ 的数据点，$f(x)$ 小于 0 的点对应 $y = -1$ 的点，如图 6-5 中的右图所示。

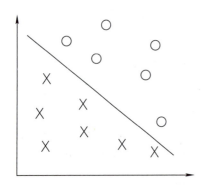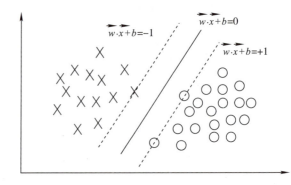

图 6-5　支持向量机分类超平面示意图

2. 线性可分下的支持向量机

当数据线性可分时，这样的超平面理论上存在无限多个，哪一个是最好的呢？直观地看，直线离直线两边的数据的间隔最大，则泛化能力最强，效果最好。因此，SVM 的主要目的就是寻找有着最大间隔的超平面。

想要知道最大间隔，就需要知道数据到超平面的距离。样本点 (x_i, y_i) 到超平面 $wx + b = 0$ 的距离为 $|w \cdot x_i + b| / \|w\|$，根据 $wx + b$ 的符号与类标记 y 的符号是否一致可判断分类是否正确，所以可以用 $y(wx + b)$ 的正负性来判定或表示分类的正确性，定义样本点 (x_i, y_i) 到超平面 $w \cdot x + b = 0$ 的几何间隔为：$\gamma_i = y_i(w \cdot x_i + b)/\|w\|$，超平面关于所有 N 个样本点的几何间隔的最小值为 $\gamma = \min \gamma_i (i = 1, 2, \cdots, N)$。因此，SVM 模型的求解最大分割超平面的问题就可以表示为以下最优化问题：

求 $\max\limits_{w,b} \gamma$，约束条件为 $y_i(w \cdot x_i + b)/\|w\| \geq \gamma, i = 1, 2, \cdots, N$。

将约束条件两边同除以 γ，得到：

$$y_i(w \cdot x_i + b)/(\|w\|\gamma) \geq 1$$

令 $w = w/(\|w\|\gamma)$，$b = b/(\|w\|\gamma)$，上式变成：$y_i(w \cdot x_i + b) \geq 1$。

由于最大化 γ 等价于最大化 $1/\|w\|$，也就等价于最小化 $\frac{1}{2}\|w\|^2$，因此 SVM 模型的求解最大分割超平面问题又可以表示为以下约束最优化问题：

$$\min_{w,b} \frac{1}{2}\|w\|^2, \text{约束条件为} y_i(w \cdot x_i + b) \geq 1, i=1,2,\cdots,N \quad (6-9)$$

为了解上述最优化问题，通常使用其拉格朗日对偶形式，给每一个约束条件加上一个拉格朗日乘子 α，即将有约束的原始目标函数转换为无约束的新构造的拉格朗日目标函数：

$$L(w,b,\alpha) = \frac{1}{2}\|w\|^2 - \sum_{i=1}^{N}\alpha_i(y_i(w \cdot x_i + b) - 1) \quad (6-10)$$

其中 $\alpha_i \geq 0$。要求解 $L(w,b,a)$ 的最大值，对 L 函数求偏导并令其等于 0 即可得到：

$$\text{令} \frac{\partial L}{\partial w} = 0, \frac{\partial L}{\partial b} = 0, \text{可得} w = \sum_{i=1}^{N}\alpha_i y_i x_i, \sum_{i=1}^{N}\alpha_i y_i = 0 \quad (6-11)$$

将上式代入拉格朗日目标函数，消去 w 和 b，可得到最优化问题：

$$\max_{\alpha} \sum_{i=1}^{N}\alpha_i - \frac{1}{2}\sum_{i=1}^{N}\sum_{j=1}^{N}\alpha_i \alpha_j y_i y_j x_i^T x_j, \text{约束条件为} \sum_{i=1}^{N}\alpha_i y_i = 0 \quad (6-12)$$

将数据中对应于 $\alpha_i > 0$ 的点称为支持向量，这些点决定了最优分离超平面。

如图 6-6 所示，中间的实线便是得到的最优分离超平面，其到两条虚线边界的距离相等，这个距离称为 Margin，两条虚线间隔边界之间的距离等于 2×Margin，而虚线间隔边界上的点可能是支持向量（只有数据中对应于 $\alpha_i > 0$ 的点才称为支持向量，当数据线性可分时，这些点一定在虚线间隔边界上，但是虚线间隔边界上的点 α_i 可能等于 0）。

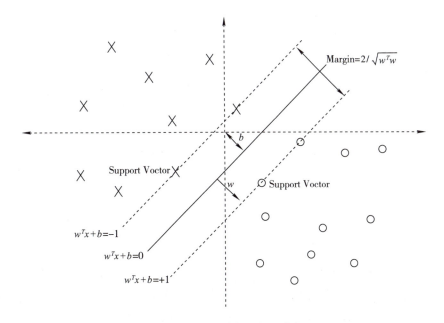

图 6-6　最优分离超平面示意图

3. 线性不可分下的支持向量机

当数据线性不可分时，约束条件 $y_i(w \cdot x_i + b) \geq 1$ 将很难满足，需要对每个样本点 (x_i, y_i) 引入一个松弛变量 $\xi_i \geq 0$，最优化问题变为：

$$\text{求} \min_{w,b,\xi} \frac{1}{2} \|w\|^2 + C \sum_{i=1}^{N} \xi_i, \text{约束条件} \ y_i(w \cdot x_i + b) \geq 1 - \xi_i, \xi_i \geq 0, i = 1, 2, \ldots, N \tag{6-13}$$

式中，C 是惩罚因子，$C > 0$，C 值大时对误分类的惩罚增大，是调和最大间隔和误分类点个数的系数。

4. 非线性支持向量机

解决非线性分类问题可以使用核函数的技巧，将数据映射到高维空间来解决在原始空间中线性不可分的问题。常用核函数有线性核函数、多项式核函数、高斯核函数等。

具体来说，在线性不可分的情况下，SVM 首先在低维空间中完成计算，然后通过核函数将输入空间映射到高维特征空间，最终在高维特征空间中构造出最优分离超平面，从而把平面上不好分的非线性数据分开。例如，一维数据在二维空间无法划分，从而映射到三维空间里划分，如图 6-7 所示。

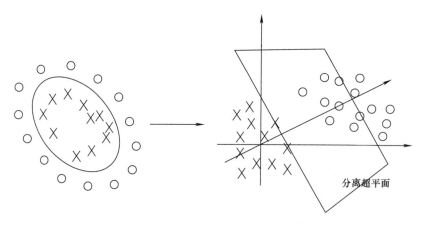

图 6-7 通过核函数将数据从二维空间映射到三维空间

5. 算法优缺点

优点：

1）有坚实的理论基础。

2）可以很自然地使用核技巧。

3）在某种意义上避免了"维数灾难"。最终决策函数只由少数的支持向量所确定，计算的复杂性取决于支持向量的数目，而不是样本空间的维数。

4）泛化能力强。

缺点：

1）难以处理大规模训练样本。

2）解决多分类问题存在困难。

3）对缺失数据敏感，对参数和核函数的选择敏感。

六、决策树分类算法

决策树（Decision Tree）是一种基本的分类与回归方法。决策树模型呈树形结构，可以认为是if-then规则的集合，也可以认为是定义在特征空间与类空间上的条件概率分布。

1. 决策树的组成

先来看一下决策树能完成什么样的任务。假设一个家庭中有5名成员：爷爷、奶奶、妈妈、小男孩和小女孩。现在想做一个调查：这5个人中谁喜欢玩游戏，这里使用决策树演示这个过程，如图6-8所示。

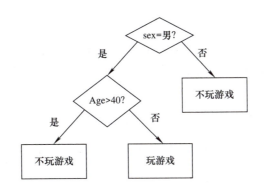

图6-8 决策树的例子

开始的时候，所有人都属于一个集合。第一步，依据性别确定哪些人喜欢玩游戏，设定如果是女性可能不喜欢玩游戏，男性则可能喜欢玩游戏，这样就把5个成员分成两部分，一部分是右边分支，包含奶奶、妈妈和小女孩；另一部分是左边分支，包含爷爷和小男孩。此时可以认为左边分支的人喜欢玩游戏，还有待挖掘。右边分支的人不喜欢玩游戏，已经淘汰出局。

对于左边这个分支，可以再进行细分，也就是进行第二步划分，这次划分的条件是年龄。设定如果大于40岁则不喜欢玩游戏，否则喜欢玩游戏。这样就把爷爷和小男孩这个集合再次分成左右两部分。左边为喜欢玩游戏的小男孩，右边为不喜欢玩游戏的爷爷。这样就完成了一个决策任务，划分过程看起来就像是一棵大树，输入数据后，从树的根结点开始一步步往下划分，最后肯定能达到一个不再分裂的位置，也就是最终的结果。

通过上面的过程可以了解到树模型的组成，开始时所有数据都聚集在根结点，也就是起始位置，然后通过各种条件判定合适的前进方向，最终到达不可再分的结点，从而完成

整个生命周期。由此可见,决策树包括:
- 根结点:数据的聚集地,训练实例整个数据集空间。
- 非叶子结点与决策结点:代表中间过程的各结点,是待分类对象的属性(集合)。
- 分支:属性的一个可能取值。
- 叶子结点:数据最终的决策结果。

决策树本质上是从训练数据集中归纳出一组分类规则,最终得到一个与训练数据矛盾较小的决策树,同时具有很好的泛化能力。

决策树算法的构建主要有3个步骤,分别是特征选择、决策树生成以及决策树剪枝。

1)特征选择:选择使信息增益最大的特征,即选择一个分类特征使分类确定性更高。

2)决策树生成:用迭代的方式构建决策树,划分的算法有ID3、C4.5等,特征选择准则有信息增益、信息增益比、基尼系数等。

> 注意:由于每次选的都是局部最优解,此时生成的决策树是过拟合的。

3)决策树剪枝:需要对已生成的树自下而上进行剪枝,将树变得更简单,使之具有更好的泛化能力。具体地就是去掉过于细分的叶结点,使其回退到父结点,甚至更高的结点,然后将父结点或更高的结点改为新的叶结点,即通过极小化决策树整体的损失函数或代价函数来实现。

2. 信息熵和信息增益

决策树构建的主要问题就是节点特征的选择,一般来说哪个特征划分效果最好就把它放到最前面。

特征能力值的衡量标准就是熵值,其定义为:

若某事件有 n 种相互独立的可能结果,其取第 i 个分类结果的概率是 $p(x_i)$,则熵定义为:

$$H(X) = -\sum_{i=1}^{n} p(x_i) \log_2 p(x_i) \qquad (6\text{-}14)$$

熵的取值介于0和1之间,反映了事物内部的混乱程度,熵值越大表示样本在目标属性上的分布越混乱,当所有样本的目标取值都相同时熵为0,当所有类别的样本数都相同时熵为1。

信息增益定义为数据集在划分前的信息熵与划分后的信息熵的差值。假设划分前数据集为 S,并使用特征 A 对 S 进行划分,假设特征 A 有 k 个不同取值,则将 S 划分为 k 个子集 $\{S_1, S_2, \ldots, S_k\}$,则信息增益为:

$$IG(S,A) = H(S) - H_A(S) = H(S) - \sum_{i=1}^{k} \frac{|S_i|}{|S|} \qquad (6\text{-}15)$$

其中,$|S_i|$ 为子集 S_i 中的样本数,$|S|$ 为集合 S 中的样本数。

选择划分特征的标准是:信息增益 $IG(S, A)$ 越大,熵值下降得越多,说明使用特征 A 进行划分的子集越纯,越利于将不同样本分开。

3. ID3 算法

ID3 是迭代两分器（Iterative Dichotomiser）版本 3 的字母缩写，该算法由 Quinlan 于 1986 年提出，是一种根据数据来构建决策树的递归过程，使用信息增益作为选择划分节点的标准。

使用 ID3 算法构建决策树可分为如下 4 个步骤：

1）使用数据集 S 计算按照每个特征划分后的信息熵和信息增益。

2）使用上一步信息增益最大的特征，将数据集 S 划分为多个子集。

3）将该特征作为决策树的节点。

4）在子节点上使用剩余特征递归执行步骤1）~步骤3）。

ID3 算法的核心是在决策树的每个决策节点中选择特征，使用信息增益最大的特征作为决策节点，使用该特征将数据集分成样本子集后，信息熵值最小。ID3 算法使用过某一个特征后，不会再次使用该特征。

4. C4.5 算法

ID3 算法只能处理离散型的特征数据，无法处理连续型数据。ID3 算法使用信息增益作为决策节点选择的标准，导致其偏向选择具有较多分支的特征，不剪枝容易导致过拟合。

C4.5 算法是将 ID3 算法改进而来的，能够处理连续型特征和离散型特征的数据，它通过信息增益率选择分裂特征。信息增益率等于信息增益与分裂信息的比值，假设训练数据集 S 有特征 A，那么信息增益率定义为：

$$IGRatio(A) = \frac{IG(S,A)}{SplitE(A)} \tag{6-16}$$

其中分裂信息 $SplitE(A)$ 表示特征 A 的分裂信息，若训练集 S 通过特征 A 的值划分为 k 个子数据集，$|S_j|$ 表示第 j 个子数据集中样本数量，$|S|$ 表示 S 中样本总数量，则分裂信息的定义为：

$$SplitE(A) = -\sum_{i=1}^{k} \frac{|S_i|}{|S|} \log_2 \frac{|S_i|}{|S|} \tag{6-17}$$

C4.5 算法对 ID3 算法进行了改进，可分为如下 5 个步骤：

1）使用数据集 S 计算按照每个特征划分后的信息熵、分裂信息和信息增益率。

2）使用上一步信息增益率最大的特征，将数据集 S 划分为多个子集。

3）将该特征作为决策树的节点。

4）在子节点上使用剩余特征递归执行步骤1）~步骤3）。

5）对生成的决策树进行剪枝处理。

5. 决策树算法优缺点

优点：

1）容易理解和解释，且决策树模型可以想象。

2）需要准备的数据量不大。

3）预测数据时的时间复杂度是用于训练决策树的数据点的对数。

4）能够处理数值属性和标称属性。

5）能够处理多输出的问题。

缺点：

1）很容易过拟合。

2）对异常值过于敏感，很容易导致树的结构的巨大变换。

3）决策树的结果可能是不稳定的，因为在数据中一个很小的变化可能导致生成一个完全不同的树。

4）树的每次分裂都减少了数据集，可能会潜在地引进偏差。

七、集成算法之随机森林

集成学习的基本出发点是把算法和各种策略集中在一起。集成学习既可以用于分类问题，也可以用于回归问题。

集成算法有 3 个核心的思想：bagging、boosting 和 stacking。

1）bagging 方法（装袋法）：采用的是随机有放回的训练数据，在此基础上构造树模型，最后组合在一起。bagging 属于并行的集成，如果每个树模型都比较弱，那么整体组合后还是很弱。

2）boosting 方法（提升法）：该算法是一种串联的方式，先构造第一个树模型，然后不断往里加入新的树模型，但是要求新加入的树模型整体组合后效果更好。

3）stacking 方法：bagging 和 boosting 都是用相同的基础模型进行组合，而 stacking 可以使用多个不同算法模型一起完成一个任务。

1. 随机森林

随机森林（Random Forests）是由 Leo Breiman 提出的一种算法，属于集成学习（Ensemble Learning）中的 bagging 算法，可以用来做分类与回归的问题。

首先介绍 bagging 的算法过程，主要有 3 个步骤：

1）从原始样本集中使用 Bootstraping 方法（有放回重采样方法）。随机抽取 n 个训练样本，共进行 k 轮抽取，得到 k 个训练集（k 个训练集之间相互独立，元素可以有重复）。

2）对于 k 个训练集，训练 k 个模型（这 k 个模型可以根据具体问题而定，比如决策树、KNN 等）。

3）对于分类问题：由投票表决产生分类结果；对于回归问题：由 k 个模型预测结果的均值作为最后预测结果（所有模型的重要性相同）。

随机森林在 bagging 的基础上更进一步，主要步骤是：

1）样本的随机：从样本集中用 Bootstraping 随机选取 n 个样本。

2）特征的随机：从所有属性中随机选取 k 个属性，选择最佳分割属性作为节点建立

CART 决策树。

3）重复以上两步 m 次，即建立了 m 棵 CART 决策树。

4）这 m 个 CART 形成随机森林，通过投票表决结果决定数据属于哪一类（投票机制有一票否决制、少数服从多数、加权多数）。

2. 随机森林算法的优缺点

优点：

1）具有极高的准确率。
2）不容易过拟合，有很好的抗噪声能力。
3）能处理很高维度的数据，并且不用作特征选择。
4）既能处理离散型数据，也能处理连续型数据。
5）容易实现并行化。

缺点：

1）当决策树个数很多时，训练时需要的空间和时间会较大。
2）随机森林模型有许多地方不好解释。
3）参数较为复杂。

任务实施

一、实现思路

下面对手写数字分类问题调用 Sklearn 中的不同分类算法类进行分类，比较各算法分类预测的成功率。

二、程序代码

1. 数据集数据的导入和分析

通过 load_digits () 方法导入该数据集，然后查看数据集有哪些属性以及各属性的维度。执行结果如图 6-9 所示。

```
from sklearn import datasets
digits = datasets.load_digits()                #导入 digits 数据集
print(digits.keys())                           #查看 digits 中有哪些属性
print(digits.data.shape, digits.target.shape, digits.target_names.shape, digits.images.shape)
```

```
dict_keys(['data', 'target', 'target_names', 'images', 'DESCR'])
(1797, 64) (1797,) (10,) (1797, 8, 8)
```

图 6-9 数据集属性及属性维度

可以看到，data 数据包含了 1797 个样本点的 64 个特征数据，而 image 中将这些样本的数据组织成了 8×8 的矩阵，target 分别对应着这些样本的标签值。

然后将数据集划分为训练集和测试集，测试集占比 10%。

```
import numpy as np
from sklearn.model_selection import train_test_split
digits_x = digits.data          #获得数据集中的输入
digits_y = digits.target        #获得数据集中的输出，即标签（也就是类别）
train_x, test_x, train_y, test_y = train_test_split(digits_X, digits_y, random_state = 1, test_size = 0.1)
```

2. 使用 KNN 算法进行分类

sklearn.neighbors 模块中有 KNeighborsClassifier 模型来实现 KNN 算法，常用参数有：n_neighbors 是选择近邻的个数，默认是 5；weights 是近邻的权重，默认是 uniform，即权值相等，也可以设置为 distance，权值根据距离确定；algorithm 是使用算法，可以设置为 ball_tree、kd_tree、brute 等，默认是 atuo，即会根据数据自动选择。

Sklearn 的 K 近邻算法有训练过程，训练的结果是构建 kd_tree 或者 ball_tree，使得预测时效率增加很多。使用 KNN 模型进行分类的代码如下，执行结果如图 6-10 所示。

```
from sklearn.neighbors import KNeighborsClassifier  #使用 KNN 算法
knn = KNeighborsClassifier(n_neighbors = 5)         #设置 k 为 5
knn.fit(train_x, train_y)
y_res = knn.predict(test_x)
print('实际值:',np.array(test_y))
print('预测值:',y_res)
print('成功率:',sum(y_res == test_y) / len(y_res))
```

```
实际值: [1 5 0 7 1 0 6 1 5 4 9 2 7 8 4 6 9 3 7 4 7 1 8 6 0 9 6 1 3 7 5 9 8 3 2 8 8
 1 1 0 7 9 0 0 8 7 2 7 4 3 4 3 4 0 4 7 0 5 5 5 2 1 7 0 5 1 8 3 3 4 0 3 7 4
 3 4 2 9 7 3 2 5 3 4 1 5 5 2 5 2 2 2 2 7 0 8 1 7 4 2 3 8 2 3 3 0 2 9 9 2 3
 2 8 1 1 9 1 2 0 4 8 5 4 4 7 6 7 6 6 1 7 5 6 3 8 7 1 8 5 3 4 7 8 5 0 6 0
 6 3 7 6 5 6 2 2 2 3 0 7 6 5 6 4 1 0 6 0 6 4 0 9 3 8 1 2 3 1 9 0]
预测值: [1 5 0 7 1 0 6 1 5 4 9 2 7 8 4 6 9 3 7 4 7 1 8 6 0 9 6 1 3 7 5 9 8 3 2 8 8
 1 1 0 7 9 0 0 8 7 2 7 4 3 4 3 4 0 4 7 0 5 5 5 2 1 7 0 5 1 8 3 3 4 0 3 7 4
 3 4 2 9 7 3 2 5 3 4 1 5 5 2 5 2 2 2 2 7 0 8 1 7 4 2 3 8 2 3 3 0 2 9 9 2 3
 2 8 1 1 9 1 2 0 4 8 5 4 4 7 6 7 6 6 1 7 5 6 3 8 7 1 8 5 3 4 7 8 5 0 6 0
 6 3 7 6 5 6 2 2 2 3 0 7 6 5 6 4 1 0 6 0 6 4 0 9 3 8 1 2 3 1 9 0]
成功率: 1.0
```

图 6-10　使用 KNN 算法分类的结果

测试集中预测成功的样本数占测试集总数的100%，可见效果不错。

3. 使用逻辑回归算法进行分类

sklearn.linear_model 模块中有 LogisticRegression 模型，常用参数有：正则化选择参数 penalty，可选择的值为 l1 和 l2，分别对应 L_1 的正则化和 L_2 的正则化，默认是 L_2 正则化；多分类方式 multi_class，可选择的值有 ovr 和 multinomial 两个，默认是 ovr；类型权重参数 class_weight，用于标示分类模型中各种类型的权重，默认不考虑权重，可以选择 balanced 让模型自动计算类型权重，或者输入各个类型的权重。

使用逻辑回归算法分类的代码如下，执行结果如图 6-11 所示。

```
from sklearn.linear_model import LogisticRegression #使用逻辑回归算法
lr = LogisticRegression(penalty='l2',random_state=1)
lr.fit(train_x, train_y)
y_res_lr = lr.predict(test_x)
print('实际值:',np.array(test_y))
print('预测值:',y_res_lr)
print('成功率',sum(y_res_lr == test_y) / len(y_res_lr))
```

```
实际值: [1 5 0 7 1 0 6 1 5 4 9 2 7 8 4 6 9 3 7 4 7 1 8 6 0 9 6 1 3 7 5 9 8 3 2 8 8
 1 1 0 7 9 0 0 8 7 2 7 4 3 4 3 4 0 4 7 0 5 5 5 2 1 7 0 5 1 8 3 3 4 0 3 7 4
 3 4 2 9 7 3 2 5 3 4 1 5 5 2 5 2 2 2 2 7 0 8 1 7 4 2 3 8 2 3 3 0 2 9 9 2 3
 2 8 1 1 9 1 2 0 4 8 5 4 4 7 6 7 6 6 1 7 5 6 3 8 3 7 1 8 5 3 4 7 8 5 0 6 0
 6 3 7 6 5 6 2 2 2 3 0 7 6 5 6 4 1 0 6 0 6 4 0 9 3 8 1 2 3 1 9 0]
预测值: [1 5 0 7 1 0 6 1 5 4 9 2 7 8 4 6 9 3 7 4 7 4 8 6 0 9 6 1 3 7 5 9 8 3 2 8 8
 1 1 0 7 9 0 0 8 7 2 7 4 3 4 3 4 0 4 7 0 5 5 5 2 1 7 0 5 1 8 3 3 4 0 3 7 4
 3 0 2 9 7 3 2 5 3 4 1 5 5 2 1 2 2 2 2 7 0 8 1 7 4 2 3 8 2 3 3 0 2 9 5 2 3
 2 8 1 1 9 1 2 0 4 8 5 4 4 7 6 7 6 6 1 7 5 6 3 8 3 7 1 8 5 3 4 7 8 5 0 6 0
 6 3 7 6 5 6 2 2 2 3 0 7 6 5 6 4 1 0 6 0 6 4 0 9 3 5 1 2 3 1 9 0]
成功率 0.9722222222222222
```

图6-11 使用逻辑回归算法分类的结果

输出的预测成功率为97.2%，可见效果还不错。

4. 使用决策树算法

sklearn.tree 模块中有 DecisionTreeClassifier 模型来实现决策树算法，常用参数有：特征选择准则 criterion，可选值有代表信息增益的 entropy 和代表基尼系数的 gini；分类时考虑的特征数 max_features，可以是考虑 max_features 个特征的 int 类型值，可以是代表百分比的 float 类型值，可以是代表平方根的 sqrt 等；树的最大深度 max_depth；每个内部节点最少样本数 min_samples_split，默认是 2；每个叶节点最小样本数 min_samples_leaf，默认是 1。

使用决策树算法分类的代码如下，执行结果如图 6-12 所示。

```python
from sklearn.tree import DecisionTreeClassifier
from sklearn.pipeline import Pipeline
from sklearn.preprocessing import StandardScaler
from sklearn.decomposition import PCA
model2 = Pipeline([('std', StandardScaler()),
                   ('pca', PCA(n_components = 4)),
                   ('dtc ', DecisionTreeClassifier(max_depth = 6,random_state = 1))])
model2.fit(train_x, train_y)
y_res = model2.predict(test_x)
print('实际值:',np.array(test_y))
print('预测值:',y_res)
print('成功率',sum(y_res == test_y) / len(y_res))
```

```
实际值: [1 5 0 7 1 0 6 1 5 4 9 2 7 8 4 6 9 3 7 4 7 1 8 6 0 9 6 1 3 7 5 9 8 3 2 8 8
 1 1 0 7 9 0 0 8 7 2 7 4 3 4 3 4 0 4 7 0 5 5 5 2 1 7 0 5 1 8 3 3 4 0 3 7 4
 3 4 2 9 7 3 2 5 3 4 1 5 5 2 5 2 2 2 2 7 0 8 1 7 4 2 3 8 2 3 3 0 2 9 9 2 3
 2 8 1 1 9 1 2 0 4 8 5 4 4 7 6 7 6 6 1 7 5 6 3 8 3 7 1 8 5 3 4 7 8 5 0 6 0
 6 3 7 6 5 6 2 2 2 3 0 7 6 5 6 4 1 0 6 0 6 4 0 9 3 8 1 2 3 1 9 0]
预测值: [1 5 0 7 8 0 8 8 8 4 9 2 8 8 4 8 9 8 7 4 7 8 8 6 0 7 6 8 9 7 5 9 8 8 2 8 8
 8 8 9 8 0 0 3 7 2 7 4 3 4 7 4 0 4 7 0 8 8 8 2 7 7 0 5 1 8 9 3 4 0 8 7 8
 7 4 2 7 7 3 8 8 9 4 1 8 8 2 8 2 2 2 2 7 0 8 1 7 4 8 3 9 9 9 8 0 2 9 2 8 3
 2 2 7 1 9 1 2 0 4 8 8 4 4 7 8 7 8 6 1 7 8 6 2 8 3 7 1 8 7 2 4 7 8 8 0 6 0
 6 3 7 6 5 6 2 2 2 8 0 8 6 5 8 4 1 0 6 0 6 4 0 9 8 8 1 2 9 1 9 9]
成功率 0.6833333333333333
```

图 6-12　使用决策树算法分类的结果

5. 使用随机森林算法

sklearn.ensemble 模块中有 RandomForestClassifier 模型来实现随机森林算法，除了决策树的常用参数外，随机森林常用参数还有：子树的数量 n_estimators；可以使用的处理器数量 n_jobs，-1 表示没有限制，默认是 1；随机状态 random_state，让结果容易复现，一个确定的随机值将会产生相同的结果；随机森林交叉验证方法 oob_score。

使用随机森林算法的代码如下，执行结果如图 6-13 所示。

```
from sklearn.ensemble import RandomForestClassifier  #使用随机森林
model3 = Pipeline([('std', StandardScaler()),
                   ('pca', PCA(n_components = 4)),
                   ('rfc', RandomForestClassifier(n_estimators = 200, max_depth = 6,
                   random_state = 1))])
model3.fit(train_x, train_y)
y_res = model3.predict(test_x)
#print(confusion_matrix(test_y, y_res))
print('实际值:',np.array(test_y))
print('预测值:',y_res)
print('成功率',sum(y_res == test_y) / len(y_res))
```

```
实际值: [1 5 0 7 1 0 6 1 5 4 9 2 7 8 4 6 9 3 7 4 7 1 8 6 0 9 6 1 3 7 5 9 8 3 2 8 8
 1 1 0 7 9 0 0 8 7 2 7 4 3 4 3 4 0 4 7 0 5 5 5 2 1 7 0 5 1 8 3 3 4 0 3 7 4
 3 4 2 9 7 3 2 5 3 4 1 5 5 2 5 2 2 2 2 7 0 8 1 7 4 2 3 8 2 3 3 0 2 9 9 2 3
 2 8 1 1 9 1 2 0 4 8 5 4 4 7 6 7 6 6 1 7 5 6 3 8 3 7 1 8 5 3 4 7 8 5 0 6 0
 6 3 7 6 5 6 2 2 2 3 0 7 6 5 6 4 1 0 6 0 6 4 0 9 3 8 1 2 3 1 9 0]
预测值: [1 5 0 7 8 0 1 8 4 9 2 8 8 4 8 9 3 7 4 7 8 8 6 0 7 6 8 9 7 5 5 2 8 2 8 8
 1 8 0 7 9 0 0 3 7 2 7 4 3 4 3 4 0 4 7 0 0 8 5 2 7 5 0 5 1 8 3 3 4 0 8 7 4
 7 4 2 7 7 3 8 8 3 4 1 5 8 2 5 2 2 2 2 7 0 8 1 7 4 8 3 9 9 9 3 0 2 9 3 2 3
 2 2 7 1 9 1 2 0 4 8 5 4 4 7 6 7 8 6 1 7 5 6 3 3 3 7 1 8 7 3 4 7 8 5 0 6 0
 6 3 7 6 5 6 2 2 2 3 0 8 6 5 6 4 1 0 6 0 6 7 0 9 8 5 1 2 9 1 9 0]
成功率 0.7833333333333333
```

图 6-13 使用随机森林算法分类的结果

6. 使用支持向量机算法

sklearn.svm 模块中有 SVC 模型来实现 SVM 算法，常用参数有：C 是错误项的惩罚因子，默认值为 1.0；kernel 是算法中采用的核函数类型，可选值有线性核函数 linear、多项式核函数 poly、高斯核函数 rbf 等，默认是 rbf。

使用支持向量机算法的代码如下，执行结果如图 6-14 所示。

```
from sklearn.svm import SVC   #使用支持向量机
from sklearn.decomposition import PCA
model1 = Pipeline([('std', StandardScaler()),
                   ('pca', PCA(n_components = 4)),
                   ('svc', SVC(C = 0.5))])
```

```
model1.fit(train_x, train_y)
y_res = model1.predict(test_x)
#print(confusion_matrix(test_y, y_res))
print('实际值:',np.array(test_y))
print('预测值:',y_res)
print('成功率',sum(y_res == test_y) / len(y_res))
```

```
实际值: [1 5 0 7 1 0 6 1 5 4 9 2 7 8 4 6 9 3 7 4 7 1 8 6 0 9 6 1 3 7 5 9 8 3 2 8 8
 1 1 0 7 9 0 0 8 7 2 7 4 3 4 3 4 0 4 7 0 5 5 5 2 1 7 0 5 1 8 3 3 4 0 3 7 4
 3 4 2 9 7 3 2 5 3 4 1 5 5 2 5 2 2 2 2 7 0 8 1 7 4 2 3 8 2 3 3 0 2 9 9 2 3
 2 8 1 1 9 1 2 0 4 8 5 4 4 7 6 7 6 6 1 7 5 6 3 8 3 7 1 8 5 3 4 7 8 5 0 6 0
 6 3 7 6 5 6 2 2 2 3 0 7 6 5 6 4 1 0 6 0 6 4 0 9 3 8 1 2 3 1 9 0]
预测值: [1 5 0 7 1 0 6 1 8 4 9 2 8 8 4 6 9 3 7 4 7 1 8 6 0 7 6 1 9 7 5 9 8 3 2 8 8
 1 1 0 7 9 0 0 3 7 2 7 4 3 4 3 4 0 4 7 0 0 8 5 2 1 5 0 5 1 8 3 3 4 0 8 7 4
 7 4 2 7 7 3 1 5 3 4 1 5 8 2 5 2 2 2 2 7 0 8 1 7 4 8 3 8 9 3 3 0 2 9 3 2 3
 2 3 1 1 9 1 2 0 4 8 5 4 4 7 6 7 6 6 1 7 5 6 3 3 3 7 1 8 7 3 4 7 8 5 0 6 0
 6 3 7 6 5 6 2 2 2 3 0 1 6 5 6 4 1 0 6 0 6 4 0 9 8 5 1 2 7 1 9 0]
成功率 0.8722222222222222
```

图 6-14 使用支持向量机算法分类的结果

任务 2　检查拼写错误

任务描述

百度搜索具有拼写错误检查功能，比如在百度搜索中输入"somehwere"进行搜索时，百度会返回提示：您要找的是不是［somewhere］，如图 6-15 所示。

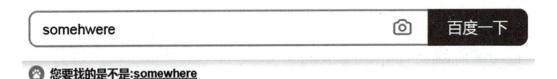

图 6-15 百度搜索的拼写错误检查功能

单元 6
分类算法

本任务就是要实现一个类似的拼写错误检查功能，当用户输入的是一个错误单词时，需要预测出用户实际想输入的单词。如果这个单词是正确的，那么结果肯定就是自己本身了。如果用户实际输入 tha，这个单词是错误的，就可以通过一种算法来得到用户可能实际上真正想输入的是 the。这里可以通过贝叶斯算法来解决。

任务目标

- 学习贝叶斯定理及朴素贝叶斯分类算法的原理
- 掌握使用朴素贝叶斯算法解决分类问题的方法

知识准备

一、贝叶斯分类

贝叶斯分类是以贝叶斯定理为基础的一种分类算法，它与逻辑回归有很大不同。逻辑回归是引入逻辑函数来解决分类问题，其中事物发生的概率 $P(y|x)$ 只是作为类别划分的依据和参数求解过程中的表达式，并未发生实质作用。但在贝叶斯分类算法中，不仅把概率作为类别划分依据，还引入了更多概率论的相关内容，例如事物的不同概率分布所产生的不同分类方式与结果。

贝叶斯分类器是一种基于统计的分类器，其分类原理是：确定某样本的先验概率，利用贝叶斯公式计算出其后验概率，即该对象属于某一类的概率，选择具有最大后验概率类别作为样本的所属类别。它通过训练集（已分类的例子集）训练而归纳出分类器，并利用分类器对没有分类的数据进行分类。

二、贝叶斯定理

对于随机事件 A 和 B，条件概率 $P(B|A)$ 是在 A 发生的情况下 B 发生的可能性，条件概率的计算公式如下：

$$P(B|A) = \frac{P(A|B)P(B)}{P(A)} \tag{6-18}$$

这个公式里面 $P(A)$ 称为先验概率或边缘概率，$P(B|A)$ 称为后验概率，$P(A|B)$ 称为似然度。在此基础上，将事件 B 扩展到 n 个事件，即可得到贝叶斯定理的一个普遍定义：设实验 E 的样本空间为 S，A 为 E 的事件，$B_1, B_2, \cdots, B_n$ 为 S 的一个划分，并且 $P(A)>0, P(B_i)>0$，则：

$$P(B_i|A) = \frac{P(A|B_i)P(B_i)}{P(A)} = \frac{P(A|B_i)P(B_i)}{\sum_{j=1}^{n} P(A|B_j)P(B_j)} \tag{6-19}$$

这是贝叶斯定理的表述形式,其中 $P(A)$ 由先验概率 $P(B_j)$ 和条件概率 $P(A|B_j)$ 计算得到,它表达了结果 A 在各种条件下的总体概率,称为结果 A 的全概率。

三、朴素贝叶斯分类算法

朴素贝叶斯是一种基于贝叶斯定理与特征条件独立假设的分类方法。朴素贝叶斯分类器需要估计的参数较少,算法也比较简单。朴素贝叶斯假设给定目标值时属性之间相互条件独立,尽管该假设在实际中往往不成立,但朴素贝叶斯在实际应用中性能非常好,因此得到广泛的应用。

1. 朴素贝叶斯分类的工作过程

1)设 D 是训练样本和它们相关联的类标号的集合。每个样本用一个 n 维属性向量 $X = \{x_1, x_2, \ldots, x_n\}$ 表示。

2)假定有 m 个类 $C_1, C_2, \cdots, C_m$。给定样本 X,分类法将预测 X 属于具有最高后验概率的类。也就是说,朴素贝叶斯分类法预测 X 属于类 C_i,当且仅当

$$P(C_i|X) > P(C_j|X), 1 \leq j \leq m, j \neq i$$

3)根据贝叶斯定理,可得 $P(C_i|X) = \dfrac{P(X|C_i)P(C_i)}{P(X)}$。由于 $P(X)$ 对所有类为常数,所以只需要 $P(X|C_i)P(C_i)$ 最大即可。若类的先验概率未知,则通常假定这些类是等概率的,即 $P(C_1) = P(C_2) = \ldots = P(C_m)$,并据此对 $P(X|C_i)$ 最大化,否则最大化 $P(X|C_i)P(C_i)$。

4)给定具有很多属性的数据集,计算 $P(X|C_i)$ 的开销非常大,并不容易计算。为了降低计算开销,因此做了一个朴素贝叶斯假设的简化处理,假设 X 中的特征是条件独立的。例如,如果一封邮件为垃圾邮件($y=1$),并且这封邮件中是否出现单词 A 与是否出现单词 B 无关,那么 A 与 B 就是条件独立的。具体应用到似然函数中就是:

$$P(X|C_i) = P(x_1, x_2, \ldots, x_n|C_i) = P(x_1|C_i)P(x_2|C_i)\ldots P(x_n|C_i) = \prod_{k=1}^{n} P(x_k|C_i)$$

5)为了预测 X 的类标号,对每个类 C_i,计算 $P(X|C_i)P(C_i)$。该分类法预测输入样本 X 的类为 C_i,当且仅当 $P(X|C_i)P(C_i) > P(X|C_j)P(C_j), 1 \leq j \leq m, j \neq i$。即被预测的类标号是使 $P(X|C_i)P(C_i)$ 最大的类 C_i。

2. 朴素贝叶斯的优缺点

优点:

1)算法逻辑简单,易于实现(算法思路很简单,只要使用贝叶斯公式转化即可)。

2)分类过程中时空开销小(假设特征相互独立,只会涉及二维存储)。

3)在特征属性相关性较小时,朴素贝叶斯性能最为良好,其预测能力好于逻辑回归等

其他算法。

缺点：

1）理论上，朴素贝叶斯模型与其他分类方法相比具有最小的误差率。但是实际上并非总是如此，这是因为朴素贝叶斯模型假设属性之间相互独立，这个假设在实际应用中往往是不成立的，在属性个数比较多或者属性之间相关性较大时，分类效果不好。

2）需要知道先验概率，且先验概率很多时候取决于假设，假设的模型可以有很多种，因此在某些时候会由于假设先验模型的原因导致预测效果不佳。

任务实施

一、实现思路

如果用户实际输入的单词为 w（word 的简写），然后拼写纠正器猜测用户实际想输入的单词为 c_1，c_2，c_3，…等。如果发现 P（c_1 | w）的概率最大，那么用户很有可能想输入的那个单词为 c_1。如果给定一个词 w，在所有正确的拼写词中，想要找一个正确的词 c 使得对于 w 的条件概率最大，也就是说：argmax_c P（c | w）。

按照贝叶斯定理，上面的式子等价于：

$$\mathrm{argmax}_c \ P（w | c）P（c）/ P（w）$$

因为用户可以输错任何词，因此对于任何 c 来讲，出现 w 的概率 P（w）都是一样的，从而在上式中忽略它，写成：

$$\mathrm{argmax}_c \ P（w | c）P（c）$$

这个式子有三个部分，从右到左分别是：

1）P（c），文章中出现一个正确拼写词 c 的概率。在英语文章中，这个概率完全由英语这种语言决定。例如，英语中出现 the 的概率 P（'the'）就相对高，而出现 P（'zxzxzyy'）的概率接近 0。

2）P（w | c），在用户想输入 c 的情况下敲成 w 的概率。因为它代表用户会以多大的概率把 c 敲错成 w，因此被称为误差模型。

3）argmax_c，用来枚举所有可能的 c 并且选取概率最大的，因为如果一个单词 c 出现的频率很高，而用户又容易把 c 敲成另一个错误的单词 w，那么，出现错误单词 w 的时候，就认为用户是想输入单词 c，但是出现错误输入成了 w，此时应该将 w 更正为 c。

因此在任务实现时首先计算 P（c），可以读入一个大的文本文件 bigword.txt（相当于是语料库），这里面大约有几百万个词。然后利用 words() 函数把语料中的单词全部抽取出来，转成小写，并且去除单词中间的特殊符号。这样，单词就会成为字母序列，don't 就变成 don 和 t 了。接着，使用 train() 函数训练一个概率模型，其中对于语料库中没有的新词，一律假设出现过一次，这个过程一般称为"平滑化"。在概率模型中，人们期望用一个很小的概率来代表这种情况。

接下来，给定一个单词 w，怎么能够枚举所有可能的正确的拼写呢？这是一个编辑距离的概念，两个词之间的编辑距离可定义为使用了几次插入（在词中插入一个单字母）、删除（删除一个单字母）、交换（交换相邻两个字母）、替换（把一个字母换成另一个）的操作而使一个词变为另一个词。分别定义了一个可以返回所有与单词 w 编辑距离为 1 的集合的函数 edits1() 以及编辑距离为 2 的集合的函数 edits2()，还定义了 known_edits2() 函数只返回那些正确的并且与 w 编辑距离小于 2 的词的集合。最后利用 correct 函数从一个候选集合中选取最大概率的。

二、程序代码

下面的代码实现了拼写错误检查功能，并对输入的错误单词进行检查，执行结果如图 6-16 所示。

```
#拼写错误检查
import re, collections
# 把语料中的单词全部抽取出来，转成小写，并且去除单词中的特殊符号
def words(text):
    return re.findall('[a-z]+', text.lower())
alphabet = 'abcdefghijklmnopqrstuvwxyz'
def train(features):
    model = collections.defaultdict(lambda: 1)
    for f in features:
        model[f] += 1
    return model
NWORDS = train(words(open('./data/bigword.txt').read())) #读取语料库数据
#返回所有与单词 w 编辑距离为 1 的集合，对应删除/交换/替换/插入操作
def edits1(word):
    n = len(word)
    return set([word[0:i] + word[i+1:] for i in range(n)] +
               [word[0:i] + word[i+1] + word[i] + word[i+2:] for i in range(n-1)] +
               [word[0:i] + c + word[i+1:] for i in range(n) for c in alphabet] +
               [word[0:i] + c + word[i:] for i in range(n+1) for c in alphabet])
#返回所有与单词 w 编辑距离为 2 的集合，只把那些正确的词作为候选词
def known_edits2(word):
```

```
    return set(e2 for e1 in edits1(word) for e2 in edits1(e1) if e2 in NWORDS)
def known(words): return set(w for w in words if w in NWORDS)
#如果 known(set)非空, candidate 就会选取这个集合, 而不继续计算后面的
def correct(word):
    # Python 惰性求值特性, 在这里巧妙地用作优先级选择
    candidates = known([word]) or known(edits1(word)) or known_edits2(word) or [word]
    return max(candidates, key = lambda w: NWORDS[w])
#功能验证:输出部分单词的检查结果
print(correct('knon'),correct('lova'),correct('somehwere'),correct('what'))
```

know love somewhere what

图 6-16　拼写错误检查执行结果

程序最后对部分错误和正确单词进行了检查验证，对"knon"返回结果"know"，对"lova"返回结果"love"，对"somehwere"返回结果"somewhere"，而对"what"则认为没有错误，仍返回"what"。

单元总结

本单元学习了分类问题中的 K 近邻、感知机、逻辑回归、支持向量机、决策树、随机森林、朴素贝叶斯算法的原理和 Sklearn 中对应的算法调用方法，并且使用 Sklearn 中不同的算法完成了手写数字识别的任务和拼写错误检查的任务。

单元评价

请根据任务完成情况填写表 6-3 的掌握情况评价表。

表 6-3 单元学习内容掌握情况评价表

评价项目	评价标准	分值	学生自评	教师评价
K 近邻算法	能够掌握 K 近邻算法原理和 Sklearn 中算法的调用方法	10		
感知机算法	能够掌握感知机算法原理和 Sklearn 中算法的调用方法	10		
逻辑回归算法	能够掌握逻辑回归算法原理和 Sklearn 中算法的调用方法	15		
支持向量机算法	能够掌握支持向量机算法的原理和 Sklearn 中算法的调用方法	15		
决策树算法	能够掌握决策树算法的原理和 Sklearn 中算法的调用方法	15		
随机森林算法	能够掌握随机森林算法的原理和 Sklearn 中算法的调用方法	15		
朴素贝叶斯算法	能够掌握朴素贝叶斯分类算法的原理和 Sklearn 中算法的调用方法	20		

单元习题

一、单选题

1. 将一个反例正确判断为反例的比率称为（　　）。

   A. 真正例　　　　　　　　B. 伪正例

   C. 真反例　　　　　　　　D. 伪反例

2. 判断一封电子邮件是否是垃圾邮件的问题属于（　　）。

   A. 回归问题　　　　　　　B. 分类问题

   C. 聚类问题　　　　　　　D. 降维问题

3. 下列说法中错误的是（　　）。

   A. 逻辑回归是一种回归算法

   B. 回归和分类的区别是因变量的值是离散还是连续的

   C. 决策树既可以用于回归问题，也可以用于分类问题

   D. 集成学习既可以用于分类问题，也可以用于回归问题

二、多选题

1. 下面属于分类结果评价方法的有（　　）。

   A. 验证率　　　　　　　　B. 精确率

   C. 召回率　　　　　　　　D. 合格率

2. 最常见的决策树算法有（　　）。
   A. ID3 算法　　　　　　B. C4.5 算法
   C. CART 算法　　　　　D. KNN 算法
3. 集成学习方法可以分为两大类，是指（　　）。
   A. boosting　　　　　　B. tracking
   C. bagging　　　　　　 D. CART

三、填空题

1. _____算法的核心思想是如果一个样本在特征空间中的 k 个最相邻的样本中都属于某一个类别，则该样本也属于这个类别。
2. 逻辑回归算法中采用的逻辑函数定义为 $g(z)$ = _____。
3. SVN 问题的拉格朗日函数中的乘子组成的向量称为_____。

四、简答题

1. 简述 K 近邻分类算法的一般步骤。
2. 简述朴素贝叶斯算法的一般步骤。
3. 简述调用 Sklearn 中分类算法解决手写数字识别问题的步骤。
4. 简述拼写错误检查问题处理的相关步骤。
5. 简述决策树算法的一般步骤。
6. 简述随机森林算法的一般步骤。

Chapter 7

单元7
聚类算法

学习情境

前面介绍的回归、分类算法都属于有监督学习，都是知道标签值并且根据标签值和预测值的偏差来评价模型的好坏。本单元将介绍无监督学习，一般指的是聚类问题，即对给定的没有标签值的数据进行聚类。聚类是按照某个特定标准把数据集分割成不同的簇，使得同一个簇内的数据相似性尽可能大，不在同一个簇中的数据差异性也尽可能地大。

人们常说：物以类聚，人以群分。由此可见，在自然科学和社会科学中存在着大量的聚类问题，是人们日常生活中常见的行为和现象。目前，聚类已经广泛地应用于许多应用中，包括模式识别、数据分析、图像处理以及市场研究等。

学习目标

◆ 知识目标
  学习 K 均值、DBSCAN 等聚类算法的原理
  掌握 Sklearn 中聚类算法的调用

◆ 能力目标
  能够对不同的聚类问题选择合适的聚类模型进行处理
  能够调用 Sklearn 中的算法模型解决实际的聚类问题

◆ 职业素养目标
  培养学生对所学理论知识的归纳整理和实际运用能力

任务 鸢尾花聚类划分问题

任务描述

鸢尾花数据集是 Sklearn 包中自带的数据集,包含 150 个鸢尾花样本的数据,分为 3 类,每类 50 个数据,每个样本包括了 4 个特征变量和 1 个类别变量。数据类别变量标签表示了该样本属于 3 类鸢尾花中的哪一类,4 个特征变量是花萼长度(sepal length)、花萼宽度(sepal width)、花瓣长度(petal length)、花瓣宽度(petal width),如图 7-1 所示。

该数据集既可以用分类算法进行分析,也可以用聚类算法进行分析。如果去掉这 150 个样本的分类标签,就是说如果提前不知道每个鸢尾花样本的类型,那么根据这些样本数据去分析它们可以归成几种类别的话,就是一个聚类问题。

本任务就将使用不同的聚类算法对该数据集进行聚类分析。

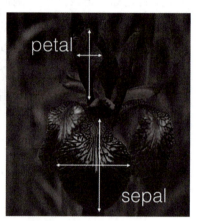

图 7-1 鸢尾花的特征

任务目标

- ◆ 学习聚类算法的划分策略
- ◆ 学习 K 均值、DBSCAN 等聚类算法的原理及评价指标
- ◆ 掌握 Sklearn 中聚类算法模型的调用方法

知识准备

聚类与分类的不同在于聚类所要求划分的类是未知的。

聚类就是按照某个特定标准(如距离准则)把一个数据集分割成不同的类别或者簇,使得同一个簇内的数据对象的相似性尽可能大,同时不在同一个簇中的数据对象的差异性也尽可能地大。即聚类后同一类的数据尽可能聚集到一起,不同类的数据尽量分离,如图 7-2 所示。

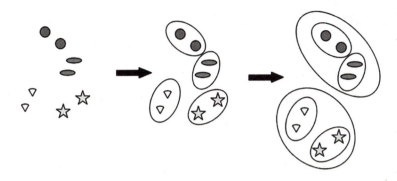

图 7-2　聚类算法模型示意图

一、聚类算法的划分策略

聚类算法有很多类别划分的策略,在对数据聚类时,需要根据数据的类型、聚类的目的和具体的应用等方面,考虑具体选取哪一种算法来实现聚类。主要的聚类算法大致可以分为以下几种:

1. 划分式聚类算法

划分式聚类算法是一种最基本的聚类算法,其基本思想是:给定一个包含 n 个样本的数据集,通过学习或训练规则将其划分成 k 个类,每一个类至少包含一个样本,每一个样本必须属于且仅属于一个类。

当前常用的基于划分的方法主要有 K-means 和 K-medoids,前者的每个类簇中心是使用该类所有数据点的各个属性的均值计算得出,后者使用最接近簇中心点的一个数据点来表示每个簇。

2. 基于密度的聚类算法

这种算法主要是考虑数据的紧密程度,即通过数据集密度来分析任意形状的聚类,无须设定簇的数量。其基本思想是:如果临近区域的密度超过某个阈值,则继续聚类,反之则停止。

常用的基于密度的聚类算法有 DBSCAN 算法、OPTICS 算法等。

3. 层次聚类算法

层次聚类算法是将数据集分解成几个层次来聚类,层次的分解可以用树状图来表示,层次聚类算法是将数据组织划分为若干个聚类,并且形成相应的以类为结点的一棵树来进行聚类分析。层次聚类算法按照分群方式可以分为凝聚(Agglomerative)型与分裂(Divisive)型两种。

常用的层次聚类算法有 CURE 算法、BIRCH 算法和 ROCK 算法。

4. 基于网格的聚类算法

基于网格的聚类方法是利用多维的网格数据结构,在空间层面把所有点按照各个维度值转化为许多独立的小网格，进而在它们组成的网络上逐步对小网格作聚类处理。

常用的基于网格的聚类算法有 STING 算法、CLIQUE 算法等。

5. 基于模型的聚类算法

基于模型的聚类算法是对样本数据分析后假定其符合一定的特征分布，并据此构建出一个合理的模型，再对该模型和已知数据进行充分拟合的过程。这种方法通常把根据潜在的概率分布生成的数据作为假设条件。

这样的聚类算法主要有两类：统计学方法和神经网络方法。基于统计学的 COB－WEB 算法是聚类算法中最著名的。神经网络聚类方法主要有两种：竞争学习算法和自组织特征映射算法。

二、聚类结果评价

不像有监督学习的分类问题和回归问题，无监督学习的聚类问题没有 y 值，也就没有比较直接的聚类评估方法。一般来说，有两种度量方式：外部指标和内部指标。

1. 外部指标

将聚类结果与某个"参考模型"进行比较，比如与领域专家的划分结果进行比较，聚类结果中被划分到同一簇中的样本在参考模型中也被划分到同一簇的概率越高代表聚类结果越好。

一般来说，簇中可能包含专家划分的多个类别，簇中哪个类别最多，就将该簇的所有数据的类别都认为是该类别。这样就可以用分类的指标来衡量结果，比较常见的是正确率、精确率、召回率和 F1 值，具体计算方式参见单元 6 分类结果评价的介绍。

例：某份数据集的聚类结果和专家划分结果如图 7-3 所示，其中，圆和三角形是专家分类，两个黑色大圆圈表示聚类结果。

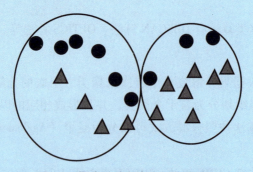

图 7-3 聚类结果和专家划分结果图

如果使用外部指标来衡量聚类结果，那么左边黑圈由于有 6 个圆和 4 个三角形，则认为其类别是圆；同理，认为右边黑圈的类别为三角形。若圆为正类，三角形为负类，那么混淆矩阵见表 7-1。

表 7-1　混淆矩阵

	预测值 1	预测值 0
实际值 1	6	3
实际值 0	4	7

正确率 =（6 + 7）/（6 + 3 + 4 + 7）= 12/20 = 65%

精确率 = 6 /（6 + 4）= 60%

召回率 = 6 /（6 + 3）≈ 66.7%

F_1 值 =（2 * 0.6 * 0.667）/（0.6 + 0.667）≈ 63.2%

如果聚类数据有类别标签，那么聚类结果也可以像分类那样计算准确率、召回率等。但是，聚类算法得到的类别实际上并不能说明任何问题，除非这些类别的分布和样本的真实分布相似，或者聚类的结果满足某种假设。例如，同一类别中样本的相似度高于不同类别样本的相似度。

2. 内部指标

直接考察聚类结果而不利用任何参考模型，通过计算簇内的样本距离以及簇间的样本距离来对聚类结果进行评估。常用的性能指标有：DB 指数、Dunn 指数。

簇 C 内样本的平均距离为：$\text{avg}(C) = \dfrac{2}{|C| * (|C| - 1)} * \sum_{1 \leq i < j \leq |C|} \text{dist}(x_i, x_j)$

簇 C 内样本的最大距离为：$\max(C) = \max_{1 \leq i < j \leq |C|} \text{dist}(x_i, x_j)$

簇 C_i 和簇 C_j 样本中心点的距离：$d_{\text{center}}(C_i, C_j) = \text{dist}(\text{center\_i}, \text{center\_j})$

簇 C_i 和簇 C_j 最近样本间的距离：$d_{\min}(C_i, C_j) = \min_{x_i \in C_i, x_j \in C_j} \text{dist}(x_i, x_j)$

其中，$|C|$ 表示簇 C 的样本个数，x_i、x_j 表示簇 C 的两个样本，$\text{dist}(x_i, x_j)$ 表示 x_i 和 x_j 的距离（比如欧几里得距离），center_i 和 center_j 表示的是簇 C_i 和簇 C_j 的样本中心点，可以是所有样本点维度求平均值。

DB 指数：$\text{DBI} = \dfrac{1}{n} \times \sum_{i=1}^{n} \max_{j \neq i} \dfrac{\text{avg}(C_i) + \text{avg}(C_j)}{d_{\text{center}}(\text{center\_i}, \text{center\_j})}$

Dunn 指数：$\text{DI} = \min_{1 \leq i \neq j \leq n} \{ \min (\dfrac{d_{\min}(C_i, C_j)}{\max_{1 \leq m \leq n} \max(C_m)}) \}$

其中，n 表示聚类的簇类个数。

例:某份数据集聚类后结果如下:簇 C_1 包含样本 $\{(0,0),(1,1)\}$,簇 C_2 包含样本 $\{(3,3),(3,4)\}$,相关内部指标计算结果如下(使用欧几里得距离):

簇 C_1 样本内平均距离:$\mathrm{avg}(C_1) = \frac{2}{2} \times (sqrt((1-0)^2 + (1-0)^2)) = \sqrt{2}$

簇 C_2 样本内平均距离:$\mathrm{avg}(C_2) = \frac{2}{2} \times (sqrt((3-3)^2 + (4-3)^2)) = 1$

簇 C_1 和簇 C_2 样本点:$(0.5,0.5),(3,3.5)$

簇 C_1 和簇 C_2 样本中心点的距离:$d_{center} = sqrt((3-0.5)^2 + (3.5-0.5)^2) = 3.905$

因此,$\mathrm{DBI} = \frac{1}{2} \times \sum_{i=1}^{2} \frac{\sqrt{2}+1}{3.905} = 0.618$,同样根据公式可算得 DI 的值。

三、K 均值算法

K 均值(K-means)是基于划分的方法中较经典的聚类算法之一,由于该算法的效率高,所以在对大规模数据进行聚类时被广泛应用。目前,许多算法均围绕该算法进行扩展和改进。

1. K 均值算法的理论基础

K-means 算法以 k 为参数,把 n 个对象分成 k 个类别,使同一类别内具有较高的相似度,而不同类别间的相似度较低。K-means 的聚类过程如下:

1)适当选择 k 个类的初始中心。

2)在第 i 次迭代中,对任意一个样本求其到 k 个中心的距离,将该样本归到距离最短的中心所在的类。

3)利用均值等方法更新该类的中心值。

4)对于所有的 k 个聚类中心,如果利用第 2、3 步的迭代法更新后,值保持不变,则迭代结束,否则继续迭代。

为了加深对算法的理解,这里给出一个算法示意图,完整展示如何将所有样本聚类成两个类,如图 7-4 所示。在图 7-4a 中显示了所用的样本点,下面打算将它们聚类成两个簇。在图 7-4b 中选择了这两个簇的初始中心。在图 7-4c 中分别计算了每个样本点到这两个中心的距离,并将其归到距离较短的中心所在的簇。图 7-4d 中分别计算出两个簇的样本数据的均值,作为新的中心。图 7-4e 中分别计算每个样本点到新中心的距离并将其归类。图 7-4f 中是重新计算每个类的中心。这样重复下去,直到所有中心点保持不变,也就是所有样本点的所属类别固定下来后,即可完成 K 均值聚类处理,也就得到了每个样本点的最终所属类别。

可以看出,K 均值的聚类过程类似于梯度下降算法,建立代价函数并通过迭代使得代

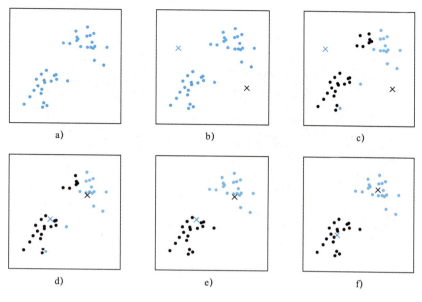

图 7-4 K 均值算法示意图

价函数值越来越小。

值得注意的是，K 值选择以及初始中心的选择，都会影响到最终聚类结果。所以可以多尝试几次，选择聚类效果最好的结果。

2. K 均值算法的优缺点

优点：

1）原理简单，容易理解。

2）算法速度较快。

3）对大数据集有比较好的伸缩性。

缺点：

1）需要指定聚类数量 K。事实上，很多时候 K 值是很难给出的，因为事先无法知道数据集该划分成多少个类才合适。

2）对异常值敏感，即离群点会对结果产生很大影响。

3）对初始中心点的选择敏感，不同的选择可能会出现不同的结果。如图 7-5 所示，由于上面两个初始点选取的不好，导致上面本应属于同一个簇的数据被划分成了两个类，而下面的两组数据却没有真正划分开。避免这种情况的一种方法是重复多次运行 K 均值算法，然后取一个平均结果。另外还可以选择 K-means^{++} 算法，它改进了 K 均值算法初始中心点的选取。

4）一般只适用于凸数据集。当潜在的簇形状是凸面的，簇与簇之间区别较明显，且簇大小相近时，其聚类结果较理想。例如，图 7-4 中较为规则的数据集划分效果较好。但如果数据集形状不规则，如图 7-6 所示的圆环形数据集，两类数据有相同的中心或中心非常接近,则很难用 K 均值算法正确划分。

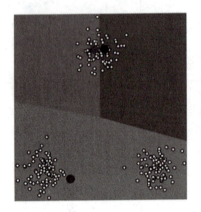
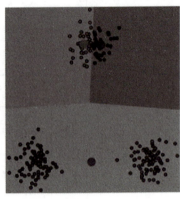

图 7-5　初始中心点选取不好导致的结果

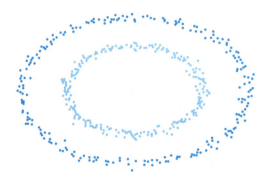

图 7-6　圆环形数据集

四、基于密度的 DBSCAN 算法

密度聚类算法一般假定类别可以通过样本分布的紧密程度决定,即在该类别任意样本周围不远处一定有同类别的样本存在。DBSCAN(Density – Based Spatial Clustering of Applications with Noise)是一种著名的密度聚类算法,基于一组"邻域"参数来刻画样本分布的紧密程度。

1. DBSCAN 算法的理论基础

DBSCAN 是基于一组邻域来描述样本集的紧密程度的,参数(ϵ, MinPts)用来描述邻域的样本分布紧密程度。其中,ϵ 描述了某一样本的邻域距离阈值,MinPts 描述了某一样本的距离为 ϵ 的邻域中样本个数的阈值。

首先介绍几个基本概念:

1) ϵ - 邻域:对于样本 $x_j \in D$,其 ϵ - 邻域包含样本集 D 中与 x_j 的距离不大于 ϵ 的子样

本集，这个子样本集的个数记为 $|N_\epsilon(x_j)|$。

2）核心对象：对于任一样本 $x_j \in D$，如果其 ϵ-邻域至少包含 MinPts 个样本，即如果 $|N_\epsilon(x_j)| \geq$ MinPts，则 x_j 是核心对象。

3）密度直达：如果 x_i 位于 x_j 的 ϵ-邻域中，且 x_j 是核心对象，则称 x_i 由 x_j 密度直达。注意反之不一定成立，即不能说 x_j 由 x_i 密度直达，除非 x_i 也是核心对象。

4）密度可达：x_o 由 x_i 密度直达，x_j 由 x_o 密度直达，那么 x_j 由 x_i 密度可达，因此密度可达满足传递性。

5）密度相连：对于 x_i 和 x_j，如果存在核心对象样本 x_k，使 x_i 和 x_j 均由 x_k 密度可达，则称 x_i 和 x_j 密度相连。

密度可达和密度相连概念的示意如图 7-7 所示。图中 MinPts = 3，虚线显示的是 ϵ-邻域，x_1 是核心对象，x_2 由 x_1 密度直达，x_3 由 x_1 密度可达；x_4 由 x_1 密度可达，x_3 与 x_4 密度相连。

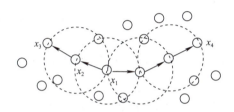

图 7-7 密度可达和密度相连概念示意图

DBSCAN 的聚类定义很简单：由密度可达关系导出的最大密度相连的样本集合，即为最终聚类的一个类别。

那么怎么才能找到这样的样本集合呢？DBSCAN 使用的方法很简单，它任意选择一个没有类别的核心对象作为种子，然后找到所有这个核心对象能够密度可达的样本集合，即为一个聚类簇；接着继续选择另一个没有类别的核心对象去寻找密度可达的样本集合，这样就得到另一个聚类类别；一直运行到所有核心对象都有类别为止。

下面通过一个例子来说明 DBSCAN 聚类算法的步骤。对表 7-2 的数据集进行聚类，取 $\epsilon = 3$，MinPts = 3。

表 7-2 DBSCAN 聚类例子数据集

样本	p1	p2	p3	p4	p5	p6	p7	p8	p9	p10	p11	p12	p13
x	1	2	2	4	5	6	6	7	9	1	3	5	3
y	2	1	4	3	8	7	9	9	5	12	12	12	3

在二维坐标系中绘制数据集样本分布如图 7-8 所示。

第一步，找一个核心点。依次扫描样本点，先看 p1，计算每个点到 p1 的距离，例如，

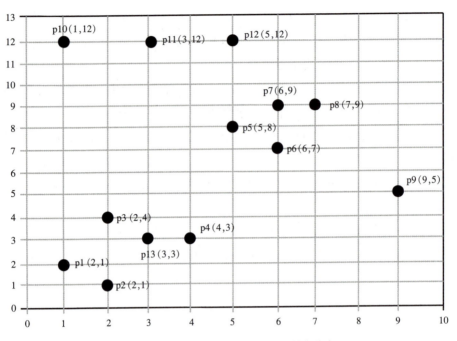

图 7-8　DBSCAN 聚类例子数据集样本分布

d（p1，p2）≈1.414，如此得出 p1 的 ϵ - 邻域为 {p1，p2，p3，p13}，含有 4 个点，所以 p1 是核心点。

第二步，以 p1 为核心点，找出所有从 p1 密度可达的点，形成簇 C_1。依次分析 p1 的 ϵ - 邻域中样本点的各自邻域，可知 p1 密度可达的点还包括 p4，所以簇 C_1 = {p1，p2，p3，p13，p4}。

第三步，继续扫描其他样本点，得到其他的簇。接下来看 p5，可以得到 p5 为核心点，同理可得以 p5 为核心点的簇 C_2 = {p5，p6，p7，p8}。后面的 p9 和 p10 的邻域内点数都小于 3，所以不是核心点；p11 是核心点，以其为核心点形成簇 C_3 = {p11，p10，p12}。

第四步，所有点都扫描完毕后，检查还没有属于任何簇的点，各自形成新的簇。只有 p9 不属于上面形成的 3 个簇，所以单独形成簇 C_4 = {p9}。

2. DBSCAN 算法优缺点

优点：

1）可以对任意形状的稠密数据集进行聚类。

2）可以在聚类的同时发现异常点，对数据集中的异常点不敏感。

3）聚类结果没有偏倚，即聚类结果和初始值没有关系。

缺点：

1）如果样本集的密度不均匀、聚类间距差相差很大时，聚类质量较差。

2）如果样本集较大时，聚类收敛时间较长，可以通过对搜索最近邻时建立的 kd-tree

或者 ball-tree 进行规模限制来改进。

3）调参相对于传统的聚类算法稍复杂，主要需要对距离阈值 ϵ、邻域样本数阈值 MinPts 联合调参，不同的参数组合对最后的聚类效果有较大影响。

五、层次聚类算法

层次聚类（Hierarchical Clustering）是聚类算法的一种，试图在不同层次对数据集进行划分，从而形成树形的聚类结构。数据集划分可采用"自底向上"的聚合策略，也可采用"自顶向下"的分拆策略。

1. 层次聚类算法的理论基础

层次聚类通过计算不同类别数据点间的相似度来创建一棵有层次的嵌套聚类树。在聚类树中，不同类别的原始数据点是树的最底层，树的顶层是一个聚类的根结点。创建聚类树有自下而上合并和自上而下分裂两种方法，分别称为凝聚（Agglomerative）型与分裂（Divisive）型算法，如图7-9所示。

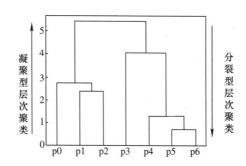

图7-9 凝聚型层次聚类和分裂型层次聚类示意图

凝聚型层次聚类算法是由下而上，先将各样本点视为单独的聚类，在接下来的每一步将最相似的聚类合并（这就是凝聚的含义），直到所有的数据点均合并到同一聚类中或者达到所规定的停止条件为止。

分裂型层次聚类算法则是一种由上而下的聚类方式，开始先将所有的个体凝聚为一个大聚类，之后的每一步骤，从原有的聚类中挑选一个聚类，按照某种规则进行拆分，逐步将该大类分裂为较小的聚类，直到每个数据点各自成为一个独立的聚类或者达到所规定的停止条件为止。

这里主要介绍使用较多的凝聚型层次聚类的方法，也称为层次凝聚聚类算法（Hierarchical Agglomerative Clustering，HAC）。该算法的具体实现步骤如下：

1）将训练样本集中的每个数据点都当作一个聚类。
2）计算每两个聚类之间的距离，将距离最近的两个聚类进行合并。
3）重复第二步，直到得满足终止条件，返回结果。

层次凝聚聚类的一个例子如图 7-10 所示，可以将给出的数据集中的样本根据距离快速聚成一个树形图，通过这张树形图，无论想划分成几个簇都可以很快地完成。

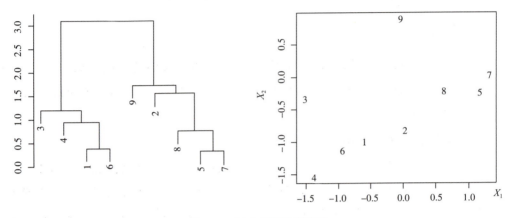

图 7-10　层次凝聚聚类例子

而对于两个聚类间的距离的度量，主要有图 7-11 所示的 3 种方式。

1）全链（Complete-link）：不同两个聚类中离得最远的两个点之间的距离。这种方法容易受到极端值的影响，比如，两个相似的组合数据点可能由于某个极端数据点距离较远而无法组合在一起。

2）单链（Single-link）：不同两个聚类中离得最近的两个点之间的距离。这种方法同样容易受到极端值的影响，比如，两个不相似的簇可能由于某个极端的数据点距离较近而组合在一起。

3）平均链（Average-link）：不同的两个聚类中所有点对距离的平均值。这种方法计算量比较大，但结果比前两种方法更合理。

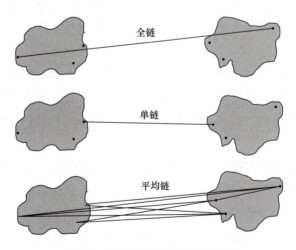

图 7-11　层次聚类距离计算示意图

2. 层次聚类算法优缺点

优点：

1）原理简单，容易理解。层次聚类不指定具体的簇数，而只关注簇之间的远近，最终会形成一个树形图。

2）可以发现类的层次关系。

缺点：

1）计算复杂度太高。

2）对异常值敏感，即离群点会对结果产生很大影响。

任务实施

一、实现思路

下面采用几种不同的聚类算法对鸢尾花聚类划分问题进行分析。

首先需要导入数据并进行分析，通过观察样本特征的两两对比图，可以发现样本集数据明显聚成了几个不同的类别。然后分别调用 Sklearn 中的 K 均值、DBSCAN、层次聚类算法模型，对鸢尾花样本数据进行聚类分析，并输出分析的类别结果，通过与样本集中样本的分类标签进行比较来检查聚类的效果。

这几种聚类算法工作原理不同，在处理不同问题时的效果也有一定差别。因此在使用时需要先分析数据可能的分布形状，再选择合适的算法，因为它们在处理不同类型数据时各有优缺点。比较麻烦的就是选择参数，无论是 K 值还是半径都是令人十分头疼的问题，需要针对具体问题选择可行的评估方法（如 CH 指标、轮廓系数法等）后进行实验对比分析。

二、程序代码

1. 案例数据的导入和分析

Iris 数据集是 Sklearn 中自带的实验数据集，其中包含 150 个样本数据，通过 load_iris() 方法即可读取。为了更好地展示和统计，这里将数据转换为 pandas 的 DataFrame 类型，并展示前 5 行数据，结果如图 7-12 所示。

```
import numpy as np
import pandas as pd
from sklearn import datasets
iris = datasets.load_iris()
data = pd.DataFrame(iris.data, columns = iris.feature_names)
data.head()
```

	sepal length (cm)	sepal width (cm)	petal length (cm)	petal width (cm)
0	5.1	3.5	1.4	0.2
1	4.9	3.0	1.4	0.2
2	4.7	3.2	1.3	0.2
3	4.6	3.1	1.5	0.2
4	5.0	3.6	1.4	0.2

图 7-12 鸢尾花数据集数据展示

各项特征的含义见表 7-3。

表 7-3 鸢尾花数据集样本特征含义

序号	特征名称	含义
1	sepal length（cm）	花萼长度
2	sepal width（cm）	花萼宽度
3	petal length（cm）	花瓣长度
4	petal width（cm）	花瓣宽度

使用 describe（）方法查看数据基本统计，如图 7-13 所示。

```
data.describe()
```

	sepal length (cm)	sepal width (cm)	petal length (cm)	petal width (cm)
count	150.000000	150.000000	150.000000	150.000000
mean	5.843333	3.057333	3.758000	1.199333
std	0.828066	0.435866	1.765298	0.762238
min	4.300000	2.000000	1.000000	0.100000
25%	5.100000	2.800000	1.600000	0.300000
50%	5.800000	3.000000	4.350000	1.300000
75%	6.400000	3.300000	5.100000	1.800000
max	7.900000	4.400000	6.900000	2.500000

图 7-13 鸢尾花数据集数据统计

可以粗略看出数据全为数值型，没有缺失值。由于样本数据特征较少，可以做出两两特征对比的类别图，如图 7-14 所示，以便更好地观察数据。

```
import matplotlib.pyplot as plt
ls = [[0, 1], [0, 2], [0, 3], [1, 2], [1, 3], [2, 3]]
cols = data.columns  #得到列名
plt.figure(figsize = (10, 6))  # 指定大小
for i, lsi in enumerate(ls):
    plt.subplot(2, 3, i + 1)
    plt.scatter(data.iloc[:,lsi[0]], data.iloc[:, lsi[1]])#, c = data.iloc[:, 4])
    plt.title(str(cols[lsi[0]][: - 4]) + ' & ' + str(cols[lsi[1]][: - 4]))
plt.tight_layout(True)
```

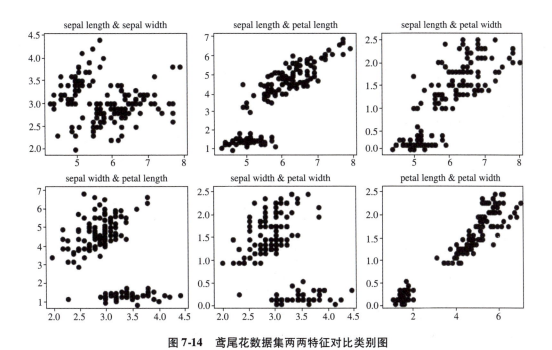

图 7-14 鸢尾花数据集两两特征对比类别图

从上面 4 个特征的两两对比特征图看到，样本之间具有较为明显的分界线，粗略判定数据至少可以划分成两类。

2. 使用 K 均值聚类算法

sklearn.cluster 模块中有 K-means 模型来实现 K 均值算法，常用参数有：聚类个数 n_clusters，默认值为 8；最大迭代次数 max_iter，默认值为 300；初始化质心 init，可以是 function 或者是 np.array 类型，默认是 K - means^{++}（一种生成初始质心的算法）；使用进程的数量 n_jobs，默认是 1；可重现结果的随机状态 random_state。

先设置类别数 k 为 3，进行 K-means 聚类，并输出聚类标签和聚类中心，代码的执行结果如图 7-15 所示。

```
from sklearn.cluster import KMeans      #从 cluster 加载 K 均值聚类模块
clus = KMeans(n_clusters=3, random_state=1)
res = clus.fit_predict(iris.data)
print(res)                               #输出聚类分析结果
print(clus.cluster_centers_)             #输出聚类中心
print(iris['target'])                    #输出实际分类标签
```

```
[0 0 0 0 0 0 0 0 0 0 0 0 0 0 0 0 0 0 0 0 0 0 0 0 0 0 0 0 0 0 0 0 0 0 0 0 0
 0 0 0 0 0 0 0 0 0 0 0 0 0 2 2 1 2 2 2 2 2 2 2 2 2 2 2 2 2 2 2 2 2 2 2 2 2
 2 2 1 2 2 2 2 2 2 2 2 2 2 2 2 2 2 2 2 2 2 2 1 2 1 1 1 1 2 1 1 1 1
 1 2 2 1 1 1 1 2 1 2 1 2 1 2 1 1 1 1 2 1 1 1 1 2 1 1 1 2 1 1 1 2 1
 1 2]
[[5.006      3.428      1.462      0.246     ]
 [6.85       3.07368421 5.74210526 2.07105263]
 [5.9016129  2.7483871  4.39354839 1.43387097]]
[0 0 0 0 0 0 0 0 0 0 0 0 0 0 0 0 0 0 0 0 0 0 0 0 0 0 0 0 0 0 0 0 0 0 0 0 0
 0 0 0 0 0 0 0 0 0 0 0 0 0 1 1 1 1 1 1 1 1 1 1 1 1 1 1 1 1 1 1 1 1 1 1 1 1
 1 1 1 1 1 1 1 1 1 1 1 1 1 1 1 1 1 1 1 1 1 1 1 1 1 1 2 2 2 2 2 2 2 2 2 2
 2 2 2 2 2 2 2 2 2 2 2 2 2 2 2 2 2 2 2 2 2 2 2 2 2 2 2 2 2 2 2 2 2 2 2 2
 2 2]
```

图 7-15　K 均值聚类划分结果

为了便于将聚类结果与样本的实际分类对比而输出了各样本的实际类型。下面计算聚类准确率并画出预测混淆矩阵，如图 7-16 和图 7-17 所示。

```
#将聚类结果的标签编号与实际标签编号统一起来
df1 = pd.DataFrame(res, columns=['pred'])
df1.loc[df1["pred"] == 0, "Pred"] = 0
df1.loc[df1["pred"] == 1, "Pred"] = 11
df1.loc[df1["pred"] == 2, "Pred"] = 1
df1.loc[df1["Pred"] == 11, "Pred"] = 2
print('预测准确率', sum(iris['target'] == df1["Pred"]) / len(df1["Pred"]))
pd.crosstab(iris['target'], df1["Pred"])
```

预测准确率 0.8933333333333333

图 7-16　K 均值聚类预测的准确率

```
Pred  0.0  1.0  2.0
row_0
  0    50    0    0
  1     0   48    2
  2     0   14   36
```

图 7-17　K 均值聚类预测的混淆矩阵

可见当聚类类别数设置为 3 时，聚类结果与样本的实际分类比较吻合。

为了更好地对比 k 值大小对于聚类效果的影响，这里依次聚类成 2~8 个类，并且使用 sklearn.metrics 模块的 calinski_harabasz_score() 方法通过 Calinski-Harabasz Index 来计算聚类效果，Calinski-Harabasz Index 得到的 Calinski-Harabasz 分数值越大则聚类效果越好。分数值的数学计算公式是：

$$CH(k) = \frac{tr(B(k))}{tr(W(k))} \cdot \frac{m-1}{k-1}$$

式中，m 是训练集样本数，k 是类别数。$B(k)$ 为类别之间的协方差矩阵，$W(k)$ 为类别内部数据的协方差矩阵。tr 为矩阵的迹。

不同 k 值聚类的 CH 分数值计算结果如图 7-18 所示。

```
from sklearn.metrics import calinski_harabasz_score
for i in range(2,9):#依次聚类成 2~8 个类
    kmeans = KMeans(n_clusters = i,random_state = 1).fit(iris.data)
    score = calinski_harabasz_score(iris.data,kmeans.labels_)
    print('iris 数据聚% d 类 calinski_harabasz 指数为:% f'%(i,score))
```

```
iris数据聚2类calinski_harabasz指数为: 513.924546
iris数据聚3类calinski_harabasz指数为: 561.627757
iris数据聚4类calinski_harabasz指数为: 530.765808
iris数据聚5类calinski_harabasz指数为: 495.243414
iris数据聚6类calinski_harabasz指数为: 473.850607
iris数据聚7类calinski_harabasz指数为: 447.943040
iris数据聚8类calinski_harabasz指数为: 439.460715
```

图 7-18　不同 k 值聚类的 CH 分数

可以看出，类别数为 3 时，CH 分数最高，聚类效果最好，也和生成数据的类别值最为相似。

3. 使用 DBSCAN 聚类算法

sklearn.cluster 模块中有 DBSCAN 模型来实现 DBSCAN 算法，常用参数有：邻域距离阈值 eps，默认值是 0.5；邻域内最少样本数 min_samples，默认值是 5；距离度量方式 metric，可选值有：欧式距离 euclidean、曼哈顿距离 manhattan、闵可夫斯基距离 minkowski 等；最近邻搜索算法 algorithm，可选值有：蛮力实现 brute、KD 树实现 kd_tree、球树实现 ball_tree、自动选择 auto（会根据数据自动选择合适的实现方式）。

下面的代码使用 DBSCAN 模型进行聚类，执行结果如图 7-19 所示。

```python
from sklearn.cluster import DBSCAN
model = DBSCAN(eps=0.441, min_samples=10)
res = model.fit_predict(iris.data)
print(res)
#将聚类结果的标签编号与实际标签编号统一起来
df1 = pd.DataFrame(res, columns=['pred'])
df1.loc[df1["pred"]==0, "Pred"]=0
df1.loc[df1["pred"]==1, "Pred"]=1
df1.loc[df1["pred"]==2, "Pred"]=3
df1.loc[df1["pred"]==-1, "Pred"]=2
print('预测准确率', sum(iris['target']==df1["Pred"]) / len(df1["Pred"]))
```

```
[ 0  0  0  0  0  0  0  0  0  0  0  0  0 -1 -1 -1  0  0  0  0  0  0 -1  0
  0  0  0  0  0  0  0 -1  0  0  0  0  0  0 -1  0  0  0  0  0  0
  0  0  2  2  2  1  2  1 -1 -1  2  1 -1  1 -1 -1  1  2  1  1 -1  1 -1  1
 -1 -1 -1  2  2  2 -1  1  1  1 -1 -1 -1  2  1  1  1 -1  1 -1  1  1
  1 -1  1  1 -1  1 -1 -1 -1 -1 -1 -1 -1 -1 -1 -1 -1 -1 -1
 -1 -1 -1 -1 -1 -1 -1 -1 -1 -1 -1 -1 -1 -1 -1 -1 -1 -1 -1 -1 -1
 -1 -1 -1 -1 -1 -1]
预测准确率 0.7666666666666667
```

图 7-19 DBSCAN 聚类算法结果

从聚类效果看划分成了 4 类，比 K 均值聚类效果要差，原因是样本集的密度不均匀、聚类间距差相差很大。

4. 使用层次聚类算法

sklearn.cluster 模块中有 AgglomerativeClustering 模型来实现层次凝聚聚类算法，常用参

数有：聚类个数 n_clusters，默认值为 2；指定使用的相似性矩阵 affinify，可以是曼哈顿距离 manhattan，欧几里得距离 euclidean 等，默认是 euclidean；度量方式 linkage，可以是单链 ward，全链 complete，平均链 average，默认是 ward；最近邻矩阵 connectivity，默认是 None。

下面的代码使用 AgglomerativeClustering 模型进行聚类，执行结果如图 7-20 所示。

```
from sklearn.cluster import AgglomerativeClustering
model = AgglomerativeClustering(3)    #指定类别数为3
res = model.fit_predict(iris.data)
print(res)
#将聚类结果的标签编号与实际标签编号统一起来
df1 = pd.DataFrame(res, columns = ['pred'])
df1.loc[df1["pred"] == 1, "Pred"] = 11
df1.loc[df1["pred"] == 0, "Pred"] = 1
df1.loc[df1["pred"] == 2, "Pred"] = 2
df1.loc[df1["Pred"] == 11, "Pred"] = 0
print('预测准确率', sum(iris['target'] == df1["Pred"]) / len(df1["Pred"]))
```

```
[1 1 1 1 1 1 1 1 1 1 1 1 1 1 1 1 1 1 1 1 1 1 1 1 1 1 1 1 1 1 1 1 1 1
 1 1 1 1 1 1 1 1 1 1 1 1 1 1 1 0 0 0 0 0 0 0 0 0 0 0 0 0 0 0 0 0 0 0
 0 0 2 0 0 0 0 0 0 0 0 0 0 0 0 0 0 0 0 0 2 0 2 2 2 0 2 2 2
 2 2 0 0 2 2 2 2 0 2 0 2 0 2 2 0 0 2 2 2 2 2 0 0 2 2 2 0 2 2 2 0 2 2 2 0 2 2 0 2
 2 0]
预测准确率 0.8933333333333333
```

图 7-20　层次聚类算法结果

可见聚类分析的结果与 K 均值算法效果接近。

单元总结

本单元学习了聚类算法及其类型划分策略，以及 K 均值、DBSCAN、层次聚类等算法的原理和 Sklearn 中对应的算法调用方法，完成了对鸢尾花数据集进行聚类划分的任务。

单元评价

请根据任务完成情况填写表 7-4 的掌握情况评价表。

表 7-4　单元学习内容掌握情况评价表

评价项目	评价标准	分值	学生自评	教师评价
聚类算法划分策略	能够掌握聚类算法的划分方法和类别	20		
聚类结果评价	能够掌握聚类算法的外部、内部评价指标及其计算方法	20		
K 均值算法	能够掌握 K 均值算法的原理和 Sklearn 库中的调用方法	20		
DBSCAN 算法	能够掌握 DBSCAN 算法算法的原理和 Sklearn 库中的调用方法	20		
层次聚类算法	能够掌握层次聚类算法的原理和 Sklearn 库中的调用方法	20		

单元习题

一、单选题

1. DBSCAN 算法属于哪种聚类算法（　　）。
   - A. 划分式聚类算法
   - B. 层次聚类算法
   - C. 基于密度的聚类算法
   - D. 基于网格的聚类算法

2. DBSCAN 算法中的参数 ϵ 描述的是（　　）。
   - A. 样本的邻域距离阈值
   - B. 邻域中样本个数的阈值
   - C. 样本中心个数的阈值
   - D. 样本子集阈值

3. K 均值聚类算法中的 K 是指（　　）。
   - A. 分类的个数
   - B. 对象的个数
   - C. 参数的个数
   - D. 迭代的次数

二、简答题

1. 简述聚类算法的分类及常用的聚类算法的原理。
2. 简述 Sklearn 中聚类算法模型的调用过程。

Chapter 8

单元8
降维与关联规则

学习情境

在处理机器学习问题时，如果样本数据的特征过于庞大，一方面会使计算任务非常繁重，另一方面如果数据的特征有问题，则会对结果造成不利影响。降维是机器学习中经常使用的数据处理方法，根据数据统计信息寻找合适的几何表征，通过某种映射方法，将原始的高维空间中的数据映射到低维度空间中，从而解决在高维数据分析和处理过程中的各种困难。而关联规则挖掘则是在大型数据集中发现隐含的各种联系，这种联系是事先不知道但又潜在的、有用的信息。本单元主要介绍数据降维处理的方法以及数据的关联规则和算法实现。

学习目标

- ◆ 知识目标
  学习数据的降维处理技术
  学习处理数据关联规则的两种算法
- ◆ 能力目标
  能够对模型数据进行降维处理
  能够对模型数据进行关联分析
- ◆ 职业素养目标
  培养学生将复杂抽象问题进行化简并最终解决的能力

单元 8 降维与关联规则

任务1 鸢尾花数据集降维分析

任务描述

在前面的单元 3 和单元 5 中，已经介绍过在 Sklearn 库中的鸢尾花数据集，它有 3 个分类的共 150 个样本，每个样本有 4 个特征，也就是 4 维数据。因为 4 维数据无法可视化，为了对数据可视化分析，尝试将样本数据在 2 维空间坐标系中进行展示和分析，也就是将 4 个特征转换成 2 个特征，或者说将数据由 4 维空间降到 2 维空间。本任务将介绍如何通过 PCA 和 LDA 等算法将鸢尾花数据集进行降维和可视化分析。

任务目标

◆ 学习 PCA 降维算法的原理和流程
◆ 学习 LDA 降维算法的原理和流程

知识准备

一、什么是降维

1. 降维的概念

在大数据的时代，模式识别、图像处理、机器学习等领域会产生大量数据，这些丰富的数据为技术发展提供了支撑，但相伴而至的是数据的高维度。例如，在图像处理中，一张（30×30）像素的图片维度就达到了 900。很多机器学习问题有上千维，甚至上万维特征，这样的问题成为"维数灾难"。这种数据维度的增加会导致数据的处理分析所需要的空间样本数和算法的复杂度都会呈指数形式的上升，不仅影响了训练速度，通常还很难找到比较好的解决方法。

这就需要在对高维度数据处理之前对数据进行降维，获得空间上较低的数据维度，然后基于低维度空间对数据进行处理。数据降维，也称维数约简（Dimensionality Reduction），即降低数据的维数，是将原始高维特征空间中的点向一个低维空间投影，新的空间维度低于原始特征空间，维数就减少了。在实际的生产和应用中，降维需要在一定的信息损失范围内，它可以节省大量的时间和成本。降维也成为应用非常广泛的数据预处理方法。

数据降维的意义表现在：

1）使数据集更易使用。

2）降低算法的计算开销。

3）去除噪声。

4）使结果容易理解。

2. 降维的方法

数据降维方法主要有两种：特征选择和特征提取。

1）特征选择：就是选择有效的特征子集，去掉不相关或冗余的特征。例如，商场在记录商品信息时会包含：价格、重量（千克）、重量（磅）等，这里重量（千克）和重量（磅）虽然是两个特征，但它们传递的信息是一致的，都是物体的重量，因此只需要选择其中一个，从而将数据特征维度降低，而不影响后续的处理和分析。

2）特征提取：根据已有的特征组合提取一组新的特征，其中每个特征都是原有特征的组合。特征提取通过对原有特征集合从高维映射到低维变换，得到新的包含原有特征主要信息的特征集合，其主要方法有主成分分析（Principal Component Analysis，PCA）、独立成分分析（Independent Component Analysis，ICA）。

3. 降维的分类

1）按照样本中的类别信息存在与否，可以分为监督降维技术和非监督降维技术。

2）按照几何结构信息的保留程度，可以分为局部降维技术和全局降维技术。

3）按照所处理的数据类型不同，可以分为线性降维技术和非线性降维技术。其中线性降维技术主要有主成分分析、独立成分分析、线性判别分析等；非线性降维技术包括基于核的核主成分分析、核函数独立成分分析，以及等距映射、局部线性嵌入、拉普拉斯特征映射等。

二、PCA 降维技术

1. PCA 的基本原理

PCA（Principal Component Analysis），即主成分分析方法，是一种使用非常广泛的数据降维算法。PCA 的主要思想是将 n 维特征通过一个变换映射到 k 维上（$k<n$）。这 k 维是全新的正交特征，称为主成分，是在原有 n 维特征的基础上重新构造出来的，而不是简单地从原有的 n 维特征中选择 k 维、去除其余 $n-k$ 维特征，用这 k 维特征就可以表示已有数据。

对主成分分析来说，要实现对原有数据特征最大保留的同时实现数据的降维，就需要寻找最有效的方式，一种有效的方式是选择与原始特征方差最大的方向作为新特征的方向，因为特征方差相当于特征的辨识度，其值越大辨识度越好。PCA 的工作就是从原始的空间中顺序地找一组相互正交的坐标轴，其中，第 1 个新坐标轴选择是原始数据中方差最大的方向，第 2 个新坐标轴选择是与第 1 个坐标轴正交的平面中使得方差最大的，第 3 个轴是与第 1、2 个轴正交的平面中方差最大的。依次类推，可以得到 n 个这样的坐标轴。通过这种方式获得的新的坐标轴大部分方差都包含在前面 k 个坐标轴中，后面的坐标轴所含的方差几乎为 0。于是可以忽略余下的坐标轴，只保留前面 k 个含有绝大部分方差的坐标轴。事实上，这相当于只保留包含绝大部分方差的维度特征，而忽略包含方差几乎为 0 的特征维度，实现对数据特征的降维处理。

例如，有图 8-1 所示的二维空间中的一批样本，其分布大致为一个椭圆形。将坐标系旋转一个角度，使椭圆长轴方向为新坐标系的 u_1，短轴方向为 u_2，那么在新坐标系中样本在 u_1 轴上的投影方差较大，在 u_2 轴上的投影方差较小，这样可以将二维空间的样本点用在 u_1 轴上的一维综合变量来替代，所损失的信息量最小。因此称 u_1 轴为第一主成分，u_2 轴为第二主成分。

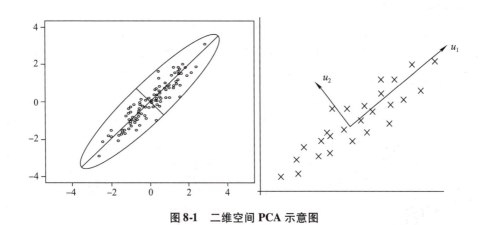

图 8-1 二维空间 PCA 示意图

那么如何得到这些包含最大差异性的主成分方向呢？可以通过计算数据矩阵的协方差矩阵，然后得到协方差矩阵的特征值特征向量，选择特征值最大（即方差最大）的 k 个特征所对应的特征向量组成的矩阵。这样就可以将数据矩阵转换到新的空间当中，实现数据特征的降维。

2. PCA 的算法流程

下面介绍基于特征值分解协方差矩阵实现 PCA 算法。设有 m 个 n 维数据的样本数据集 $X = \{X_1, X_2, X_3, \cdots, X_m\}$，需要降维，可以按如下步骤进行：

1）去中心化处理，即样本的每个特征减去该特征的平均值，$x_{ij}^* = x_{ij} - \bar{x_i}$，得到处理后的数据集 X^*。

2）计算数据集 X^* 的协方差矩阵 Ω。

3）用特征值分解方法计算协方差矩阵 Ω 的特征值和特征向量。

4）将特征值从大到小排序，选择其中最大的 k 个。然后将其对应的 k 个特征向量分别作为行向量组成特征向量矩阵 P。

5）将数据转换到 k 个特征向量构建的新空间中，即 $Y = PX$，实现降维。

三、LDA 降维技术

1. LDA 的基本原理

线性判别分析（Linear Discriminant Analysis，LDA）是模式识别领域中应用非常广泛的算法之一。和 PCA 不同，LDA 是一种有监督的降维技术，也就是说它的数据集的每个样本是有类别输出的。训练样本上提供了类别标签，但是在 PCA 降维中是不利用类别标签的，而 LDA 在进行数据降维的时候是利用类别标签提供的信息的。LDA 的思想是寻找一个低维投影空间，使得样本集各类别在低维特征空间中形成若干聚合的可分离子集。概括来说是将数据在低维度上进行投影后类内方差最小、类间方差最大，也就是达到最大的类间分散程度和最小的类内分散程度。

例如，假设有两类数据分别为红色和蓝色，如图 8-2 所示。这些数据特征是二维的，现在希望将这些数据投影到一条一维的直线上，让每一种类别数据的投影点尽可能地接近，而红色和蓝色数据中心之间的距离尽可能的大。

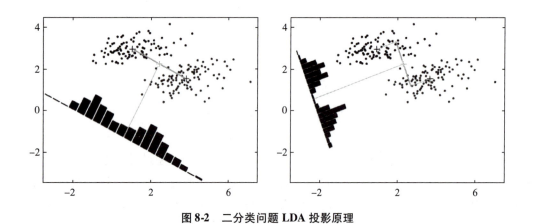

图 8-2　二分类问题 LDA 投影原理

图 8-2 中提供了两种投影方式，从直观上可以看出，右图要比左图的投影效果好，因为右图的红色数据和蓝色数据各自较为集中，且类别之间的间隔比较明显。左图则在边界处有数据混杂。以上就是 LDA 的主要思想，在实际应用中的数据是多个类别的，原始数据一般也是超过二维的，投影后的也一般不是直线，而是一个低维的超平面。

下面以样本数据属于二分类和多分类的情况分别说明 LDA 的原理。

(1) 二分类 LDA 原理

假设样本数据集 $x_i \in R^n(i = 1, 2, \ldots, N)$，共有 N 个 n 维样本，分为 2 个类别，前 N_1 个样本属于 X_1 类，后面 N_2 个样本属于 X_2 类，且 $N_1 + N_2 = N$。设各类样本的均值向量为 μ_j，则：

$$\mu_j = \frac{1}{N_j} \sum_{x \in X_j} x, \quad j = 1, 2 \tag{8-1}$$

那么可得每类样本的类内分散程度（协方差）矩阵为：

$$S_j = \sum_{x \in X_j} (x - \mu_j)(x - \mu_j)^T, \quad j = 1, 2 \tag{8-2}$$

对于二分类 LDA 问题，数据将投影到一条直线上，假设该直线为向量 w，则样本 x_i 在直线上的投影为：$y_i = w^T x_i$，$i = 1, 2, \cdots, N$，两个类别的中心点 μ_0 和 μ_1 的投影分别为 $w^T \mu_0$ 和 $w^T \mu_1$。由于 LDA 需要让不同类别的类间距尽可能的大、类内距尽可能的小，也就是要最大化 $\|w^T \mu_1 - w^T \mu_2\|^2$，最小化 $w^T S_1 w + w^T S_2 w$。由此，得到优化目标为：

$$\max_w J(w) = \frac{\|w^T \mu_1 - w^T \mu_2\|^2}{w^T S_1 w + w^T S_2 w} = \frac{w^T (\mu_1 - \mu_2)(\mu_1 - \mu_2)^T w}{w^T (S_1 + S_2) w} * \tag{8-3}$$

定义总的类内散度矩阵 S_w 为：

$$S_w = S_1 + S_2 \tag{8-4}$$

总的类间分散程度矩阵 S_b 为：

$$S_b = (\mu_1 - \mu_2)(\mu_1 - \mu_2)^T \tag{8-5}$$

则优化目标可以写为：

$$\max_w J(w) = \frac{w^T S_b w}{w^T S_w w} \tag{8-6}$$

利用 Lagrange 乘子法对其进行求解，令分母 $w^T S_w w$ 为非零常数 c，定义 Lagrange 函数为：

$$L(w, \lambda) = w^T S_b w - \lambda (w^T S_w w - c) \tag{8-7}$$

将 L 对 w 求偏导并令偏导数为 0，得到：

$$\frac{\partial L}{\partial w} = 2 S_b w - 2 \lambda S_w w = 0 \tag{8-8}$$

即 $S_b w = \lambda S_w w$，而 S_w 是非奇异矩阵，所以有：

$$S_w^{-1} S_b w = \lambda w \tag{8-9}$$

对 $S_w^{-1} S_b$ 进行特征值分解，求解其最大特征值对应的特征向量，就可以得到最优投影向量 w。

(2) 多分类 LDA 原理

对于多分类的样本数据集，数据投影的低维空间是一个超平面，投影到 d 维空间中的基向量组成 $n \times d$ 维的矩阵 W，则此时的优化目标就是：

$$\max_{W} J(W) = tr\left(\frac{W^T S_b W}{W^T S_w W}\right) \tag{8-10}$$

这里 $tr()$ 是矩阵的迹。对（8-10）使用 Lagrange 乘子法，转换为求 $S_w^{-1}S_b$ 特征值问题，最大的 d 个特征值对应的特征向量就组成了转换矩阵 W。

2. LDA 的算法流程

假设样本数据集 $x_i \in R^n (i = 1, 2, \ldots, N)$，要降维到的维度为 d，可以按如下步骤进行：

1) 计算类内散度矩阵 S_w。
2) 计算类间散度矩阵 S_b。
3) 计算矩阵 $S_w^{-1}S_b$。
4) 计算 $S_w^{-1}S_b$ 的最大的 d 个特征值和对应的 d 个特征向量 $(w_1, w_2, \ldots, w_d)$，得到投影矩阵 W。
5) 对样本集中的每一个样本特征 x_i，转化为新的样本 $y_i = W^T x_i$。
6) 得到输出样本集。

以上就是使用 LDA 进行降维的算法流程。实际上 LDA 除了可以用于降维以外，还可以用于分类。一个常见的 LDA 分类基本思想是假设各个类别的样本数据符合高斯分布，这样利用 LDA 进行投影后，可以利用极大似然估计计算各个类别投影数据的均值和方差，进而得到该类别高斯分布的概率密度函数。当一个新的样本到来后，可以将它投影，然后将投影后的样本特征分别带入各个类别的高斯分布概率密度函数，计算它属于这个类别的概率，最大的概率对应的类别即为预测类别。

四、PCA 与 LDA 的比较

LDA 用于降维，和 PCA 有很多相同之处，也有很多不同的地方。首先看一下相同点：

1) 两者均可以对数据进行降维。
2) 两者在降维时均使用了矩阵特征分解的思想。
3) 两者都假设数据符合高斯分布。

二者有以下的不同点：

1) LDA 是有监督的降维方法，而 PCA 是无监督的降维方法。
2) LDA 降维最多降到类别数 $k-1$ 的维数，而 PCA 没有这个限制。
3) LDA 除了可以用于降维，还可以用于分类。
4) LDA 选择分类性能最好的投影方向，而 PCA 选择样本点投影具有最大方差的方向。

这点可以从图 8-3 中看出，在某些数据分布下 LDA 比 PCA 降维较优。

当然，某些数据分布下 PCA 比 LDA 降维较优，如图 8-4 所示。

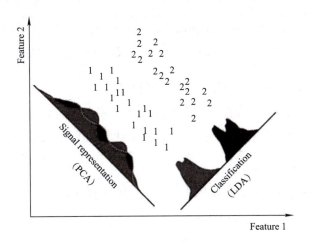

图 8-3　PCA 与 LDA 降维比较示意图 1

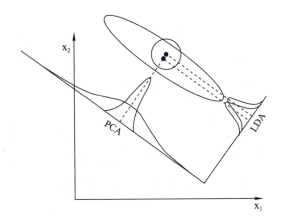

图 8-4　PCA 与 LDA 降维比较示意图 2

任务实施

一、实现思路

对任务中的二维样本数据，首先按照 PCA 降维以及 LDA 降维的流程手工计算降维后的结果，然后使用 Sklearn 中的相应算法包进行计算，比较与手工计算结果是否一致。最后在图中进行降维前后数据的绘制。

二、程序代码

1. PCA 降维的实现

sklearn.decomposition 包中的 PCA 模块提供了 PCA 降维算法，调用方法如下：

```
sklearn.decomposition.PCA(n_components = None, copy = True, whiten = False, svd_
solver = 'auto', tol = 0.0, iterated_power = 'auto', random_state = None)
```

其中的 n_component 用于指定降维后的特征数量。

首先加载数据集,通过原始的 4 个特征创建 PCA 模型进行训练,计算出样本数据去中心化后协方差矩阵的特征值以及各特征值的方差贡献率。代码的执行结果如图 8-5 所示。

```
import matplotlib.pyplot as plt
from sklearn.decomposition import PCA      #加载 PCA 算法包
from sklearn.datasets import load_iris
iris = load_iris()
y = iris.target
x = iris.data
PCA(n_components = 4).fit(x)    # 使用原始的 4 个特征计算特征值
print("特征值:",pca.explained_variance_)
print("贡献率:",pca.explained_variance_ratio_)
```

```
特征值: [4.22824171 0.24267075 0.0782095  0.02383509]
贡献率: [0.92461872 0.05306648 0.01710261 0.00521218]
```

图 8-5 原始数据的 PCA 特征值及贡献率计算

特征值有 4 个,从大到小排序后依次为(取小数点后三位)4.228、0.243、0.078 和 0.024,且对应的前两个特征的方差贡献率为(取小数点后两位)0.92 和 0.05,也就是说第一和第二主成分就描述了样本数据的主要信息。

接下来将数据降到 2 维,并展示原始数据在新的二维空间中的变换结果。执行结果如图 8-6 所示。

```
#降到 2 维
x_d = PCA(2).fit_transform(x)
markers = ['*', 'o', 'x']
for i in [0, 1, 2]:
    plt.scatter(x_d[y == i, 0],x_d[y == i, 1],marker = markers[i],label = iris.target_names[i])
plt.legend()
plt.show()
```

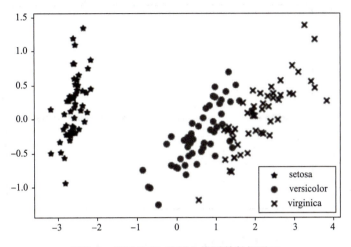

图 8-6　使用 PCA 降到 2 维后的数据展示

从降维后鸢尾花样本的数据分布可以看出，这明显是一个分簇的分布，并且每个簇之间的分布区分相对比较明显，也许 versicolor 和 virginica 这两种花之间会有一些分类错误，但 setosa 肯定不会被分错，因此可以预见常用的机器学习分类器在该数据集上会有比较好的分类效果。

同时可以看到，第一主成分的方差贡献率达到了 0.92，可见大部分信息都被集中在该特征上，可以尝试再降到一维空间中看看转换效果。代码的执行结果如图 8-7 所示。

```
#降到 1 维
x_d1 = PCA(1).fit_transform(x)
markers = ['* ', 'o', 'x']
for i in [0, 1, 2]:
    plt.scatter(x_d1[y == i],np.zeros(50),marker = markers[i], label = iris.target_names
               [i])
plt.legend()
plt.show()
```

可以看到在一维投影后，除了较少的样本点外，3 类样本也还有相对不错的辨识度。

2. LDA 降维的实现

sklearn.discriminant_analysis 包中的 LinearDiscriminantAnalysis 模块提供了 LDA 降维算法：

```
sklearn.discriminant_analysis.LinearDiscriminantAnalysis(solver = 'svd', shrinkage = None, priors = None, n_components = None, store_covariance = False, tol = 0.0001)
```

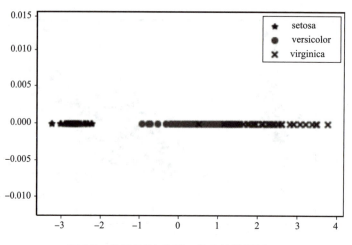

图 8-7 使用 PCA 降到 1 维后的数据展示

n_components：指定了数组降维后的维度。

solver：指定了求解最优化问题的算法。默认是 svd，表示奇异值分解；lsqr 表示最小平方差；eigen 表示特征分解算法。

LDA 降维技术试图找出类与类之间差异最大的属性，与 PCA 相比，LDA 是使用已知类别标签的有监督方法，所以它在进行模型训练时需要用到样本的分类标签。代码的运行结果如图 8-8 所示。

```
#鸢尾花 LDA 降维
import matplotlib.pyplot as plt
from sklearn import datasets
from sklearn.discriminant_analysis import LinearDiscriminantAnalysis
iris = datasets.load_iris()
x = iris.data
y = iris.target
target_names = iris.target_names
markers = ['*', 'o', 'x']
lda = LinearDiscriminantAnalysis(n_components=2)
x_d = lda.fit(x, y).transform(x)
for i, target_name in zip([0, 1, 2], target_names):
    plt.scatter(x_d[y == i, 0], x_d[y == i, 1], marker=markers[i], label=target_name)
plt.legend()
plt.show()
```

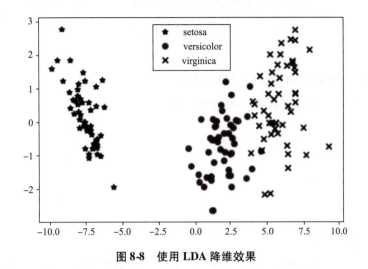

图 8-8 使用 LDA 降维效果

由降维后的样本数据在新的特征子空间的分布可以看出降维后不同类数据区分效果较好。对比 PCA 降维的结果可以看出两者的区别：PCA 是在整个数据集中寻找方差最大的坐标轴，而 LDA 则寻找对于类别区分度最佳的坐标轴。

任务 2　客户购买商品关联分析

任务描述

关联规则是指事物之间的相互关联，它在生活中有很多应用场景，"购物篮分析"就是一个常见的场景，这个场景可以从消费者交易记录中发掘商品与商品之间的关联关系，进而通过商品捆绑销售或者相关推荐的方式带来更多的销售量。本任务使用的就是一批客户购买商品的记录的数据集，见表 8-1，将数据存入文本文件中。这里的每条数据也经常称为事务，其中的条目 A、B、C、D、E 都是商品的代号。本任务中统一设定最小支持度计数为 2，最小置信度为 0.5。

表 8-1　客户购买商品数据记录

Tid	Items
10	A, C, D
20	B, C, E
30	A, B, C, E
40	B, E

任务目标

◆ 学习 Apriori 关联规则算法的原理和流程
◆ 学习 FP-Tree 关联规则算法的原理和流程

知识准备

一、关联规则

1. 关联规则的定义

关联规则（Association Rules）是反映一个事物与其他事物之间的相互依存性和关联性。如果两个或多个事物之间存在一定的关联关系，那么其中一个事物就能通过其他事物预测到。关联规则是数据挖掘的一个重要技术，用于从大量数据中挖掘出有价值的数据项之间的相关关系。例如，超市发现用户购买牛奶就一定会购买面包，那么 {牛奶} → {面包} 就是一条关联规则。再比如，购买食盐的顾客通常也购买味精，如果超市经理能探查到这种规律，就可以将这两种商品放在同一个货架，进而提高商品销量的同时提升顾客的购买体验。

为了解决这种问题，Agrawal 等人在 1993 年首先提出挖掘顾客交易数据库中项集之间的关联规则问题，此后诸多研究人员对关联规则的挖掘问题进行了大量研究。关联规则挖掘除了应用于顾客购物模式的挖掘，在其他领域也得到了应用，包括工程、医疗保健、金融证券分析、电信和保险业的错误校验等。

2. 关联规则中的概念

在学习具体算法之前，必须了解项集、频繁项集、支持度、置信度等基本概念。

（1）项与项集

数据库中不可分割的最小单位信息称为项，用符号 i 表示。项的集合称为项集。设集合 $I = \{i_1, i_2, \cdots, i_k\}$ 是项集，I 中项目的个数为 k，则集合 I 称为 k–项集。例如，集合 {啤酒，尿布，牛奶} 是一个 3–项集。

（2）事务

设 $I = \{i_1, i_2, \cdots, i_k\}$ 是由数据库中所有项构成的集合，一个事务 t_i 是指数据库中的一条记录，除了事务的唯一标识外，还包含 I 中的多个项。事务的集合称为事务集，用 T 表示，$T = \{t_1, t_2, \cdots, t_n\}$。

例如，顾客在商场里一次购买多种商品，商品清单就会记录在数据库中，并且对应有一个唯一标识 key，这就称为一个数据库事务。

（3）项集的频数（支持度计数）

包括项集的事务数称为项集的频数，也称为支持度计数。

例如，顾客 A 购买了 ｛西瓜，苹果，橘子，香蕉｝，顾客 B 购买了 ｛葡萄，橙子，甘蔗，苹果，香蕉｝，顾客 C 购买了 ｛火龙果，鸭梨，苹果｝。那么项集 ｛西瓜，苹果，橘子｝ 的支持度就是 1，项集 ｛苹果｝ 的支持度就是 3，项集 ｛香蕉｝ 的支持度就是 2。

（4）关联规则

关联规则是形如 X→Y 的蕴含式，其中 X、Y 分别是 I 的真子集，并且 X∩Y = ∅。X 称为规则的前提，Y 称为规则的结果。关联规则反映 X 中的项出现时，Y 中的项目也跟着出现的规律。

（5）关联规则的支持度（support）

关联规则的支持度是指交易集中同时包含 X 和 Y 的交易数与所有交易数之比，记为 support（X→Y），即 support（X→Y）= support（X∪Y）= P（XY），支持度反映了 X 和 Y 中所含的项在事务集中同时出现的频度。

（6）关联规则的置信度（confidence）

关联规则的置信度是交易集中包含 X 和 Y 的交易数与包含 X 的交易数之比，记为 confidence（X→Y），即

$$\text{confidence}（X \to Y）= \frac{\text{support}（X \cup Y）}{\text{support}（X）} = P（Y|X）$$

置信度反映了包含 X 的事务中，出现 X 和 Y 的条件概率。

（7）最小支持度与最小置信度

为了达到一定的要求，通常需要指定规则必须满足的支持度和置信度阈限，当 support（X→Y）、confidence（X→Y）分别大于等于各自的阈限值时，认为 X→Y 是有趣的，此两个值称为最小支持度阈值（min_sup）和最小置信度阈值（min_conf）。其中，min_sup 描述了关联规则的最低重要程度，min_conf 规定了关联规则必须满足的最低可靠程度。

（8）频繁项集

设 $U = \{u_1, u_2, \cdots, u_n\}$ 为一些项的集合，且 $U \subseteq I$，$U \neq \emptyset$，对于给定的最小支持度 min_sup，如果项集 U 的支持度 support（U）≥ min_sup，则称 U 为频繁项集，否则，U 为非频繁项集。

（9）强关联规则

support（X→Y）≥ min_sup 且 confidence（X→Y）≥ min_conf，称关联规则 X→Y 为强关联规则，否则称 X→Y 为弱关联规则。

下面通过一个例子说明上述概念。现有顾客购买记录数据集见表 8-2。

表 8-2　顾客购买记录数据集

TID	网球拍	网球	运动鞋	羽毛球
1	1	1	1	0
2	1	1	0	0
3	1	0	0	0
4	1	0	1	0
5	0	1	1	1
6	1	1	0	0

可以看出，数据集包含 6 个事物。项集 $I = \{$网球拍，网球，运动鞋，羽毛球$\}$。考虑关联规则：网球拍→网球，事物 1、2、3、4、6 包含网球拍，事物 1、2、5、6 包含网球拍和网球，支持度 $\text{support} = \frac{3}{6} = 0.5$，置信度 $\text{confident} = \frac{3}{5} = 0.6$。若给定最小支持度 $\alpha = 0.5$，最小置信度 $\beta = 0.5$，关联规则网球拍→网球是有趣的，认为购买网球拍和购买网球之间存在关联。

3. 关联规则分析的过程

关联规则分析的过程主要分为两步：

1）发现频繁项集：通过迭代等方法，检索出事务数据库中的所有频繁项集，即支持度不低于用户设定的阈值的项集。

2）发现规则：利用频繁项集构造出满足最小置信度的规则。

本任务统一设定最小支持度计数为 2，最小置信度为 0.5。

关联规则挖掘算法主要有 Apriori 算法、FP-Tree 算法，下面分别介绍。

二、Apriori 算法

Apriori 算法是一种最有影响力的挖掘布尔型关联规则的频繁项集的算法，它是由 Rakesh Agrawal 和 RamakrishnanSkrikant 于 1994 年提出的，主要使用一种称为逐层搜索的迭代方法。

1. 算法原理

首先介绍两个定理，这是支持 Apriori 算法成立的基础。

定理 1：先验性质：频繁项集的所有非空子集一定是频繁的。

说明：比如一个项集是频繁的，说明这 3 个项同时出现的次数是大于最小支持度计数的，所以可以推知，任何非空子集，比如 $\{I_1\}$、$\{I_2\}$、$\{I_3\}$、$\{I_1, I_2\}$ 等的支持度计数也一定比预先定义的阈值要大，故而都是频繁的。

定理 2：非频繁项集的超集一定是非频繁的（也可以理解为：一个项集如果有至少一个非空子集是非频繁的，那么这个项集一定是非频繁的）。

说明：如果一个项集 U 是非频繁的，那么给这个项集再加一个项，项集中所有项同时出现的次数一定不会增加，即新的项集的支持度计数小于项集 U，则肯定是非频繁的。

Apriori 算法使用支持度来作为判断频繁项集的标准，算法的目标是得到所有的频繁 k - 项集。一般可以分为两步，第一步是找到符合支持度计数要求的频繁项集（但是这样的频繁项集可能有很多），第二步是去除无效的频繁项集，得到实际有用的频繁项集。比如，找到符合支持度计数要求的频繁项集 AB 和 ABE，那么会去除 AB，因为 ABE 是频繁 3 - 项集，包含 AB 这个频繁 2 - 项集。

得到频繁项集以后，就需要挖掘出关联规则，一般分为两步：

第一步是得到所有的强关联规则，即将频繁项集拆分为左右两部分，并计算置信度，删除置信度小于最小置信度的关联规则。比如，对于频繁项集 ABC，可以得到所有的关联规则 {ABC：conf = 0.3，BAC：conf = 0.6，CAB：conf = 0.5，ABC：conf = 0.3，ACB：conf = 0.5，BCA：conf = 0.4}，假设置信度为 0.5，那么最后就只有 {BAC：conf = 0.6，CAB：conf = 0.5，ACB：conf = 0.5}。

第二步是删除冗余的强关联规则，当关联规则 1 可以推出另一个关联规则 2 时，就可以将关联规则 2 删除。一般包含两种情况：1）关联规则左部分相同，右部分存在包含关系，那么删除右部分项少的关联规则；2）关联规则右部分相同，左部分存在包含关系，那么删除左部分项多的关联规则。如果同时有 AB 和 ABC 两个关联规则，那么删除 AB（ABC 可以推出 AB 和 AC）；如果同时有 AB 和 ACB 两个关联规则，那么删除 ACB（因为 AB 规则中 A 多加任何项，都能推出 B）。

2. 算法流程

整个 Apriori 算法流程如下：

1）读取数据集。
2）扫描数据集得到频繁 1 项集。
3）循环操作：由频繁 $n-1$ 项集得到候选 n 项集，再扫描数据集得到频繁 n 项集。
4）生成强关联规则：先生成所有关联规则，再删除无用的（冗余的）关联规则。

3. 算法优缺点

1）优点：算法简单，易于理解，容易实现。
2）缺点：
①每次计算项集的支持度都需要扫描数据集的全部记录，需要很大的 I/O 负载。

②很可能产生大量的频繁项集，算法效率较低。

三、FP-Tree 算法

Apriori 算法需要多次扫描数据，当数据量很大时，将消耗非常多的时间。为了解决这个问题，FP-Tree 算法（也称 FP Growth 算法）采用了一些技巧，无论多少数据，只需要扫描两次数据集，因此提高了算法运行的效率。

1. 算法步骤

FP-Tree 算法主要有 3 个步骤（只包含发现频繁项集）：

1）建立项头表：第一次扫描数据集，得到所有频繁 1 项集及其计数，将频繁 1 项集放入项头表，并按照计数降序排列。

2）建立 FP 树（见图 8-9）：第二次扫描数据集，将读到的原始数据剔除非频繁 1 项集，并按照支持度降序排列；把每个排好序的数据都看作一条路径，根据路径构建一棵树，如果有共同祖先，则对应的共同祖先结点计数加 1，否则增加新结点，且将项头表链接上新结点，其中树的根结点设为 null。

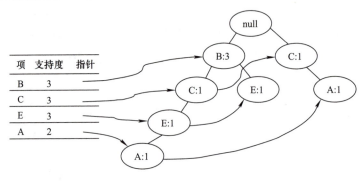

图 8-9　FP 树

3）挖掘频繁项集：得到了 FP 树和项头表以及节点链表，首先从项头表的底部项依次向上挖掘。对于项头表对应于 FP 树的每一项，要找到它的条件模式基，即以要挖掘的结点作为叶子结点所对应的 FP 子树。得到这个 FP 子树后，将子树中每个结点的计数设置为叶子结点的计数，并删除计数低于支持度的结点。从这个条件模式基，就可以递归挖掘得到频繁项集了。

比如，对于 A，寻找其条件模式基，由于 A 在 FP 树中有两个结点，因此有两条路径，分别对应 {B:3, C:2, E:2, A:1} 和 {C:1, A:1}，接着将所有父结点计数设置为叶子结点的计数，即 {B:1, C:1, E:1, A:1} 和 {C:1, A:1}，合并两项并去掉叶子结点 A，可得 A 的条件模式基为 {B:1, C:2, E:1}，只有 C 的支持度计数大于阈值 1，因此产生频繁项集 {AC:2}；同理对于 E，得到条件模式基为 {B:3, C:2}，如图 8-10 所示，得到频繁 2 项集 {BE:3} 和 {CE:2}，频繁 3 项集 {BCE:2}。

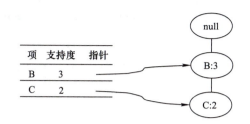

图 8-10 项 E 的条件模式基

本任务的算法实现基本按照上述步骤，但是有略微不同，没有使用树结构。

整个 FP-Tree 算法流程如下。

1）读取数据集。

2）扫描数据集得到频繁 1 项集。

3）生成 FP 树。

4）得到所有频繁项集。

5）生成强关联规则：生成所有关联规则，再删除无用的（冗余的）关联规则。

2. 算法优缺点

1）优点：一个大数据集能够被有效地压缩成比原数据集小很多的高密度结构，避免了重复扫描数据集的开销。

2）缺点：

①只能挖掘单维的关联规则。

②在挖掘过程中，如果项数较大的 k 项集数量很多，FP-Tree 的分支也会很多，算法需要构造出数量巨大的条件模式基，不仅费时而且占用大量空间，挖掘效率较低。

任务实施

一、实现思路

分别使用 Apriori 算法和 FP-Tree 算法对商品的关联规则进行分析。首先从文件中读入客户购买商品的记录数据，然后分别根据两种算法的实现步骤进行数据的处理。

二、程序代码

1. 使用 Apriori 算法

下面从读取数据集开始完整介绍每个步骤。

（1）读取数据集

一般情况下，数据集是 txt 文件或者 csv 文件。txt 文件直接读取其文件的所有行再进行处理，也可以使用 NumPy 的 loadtxt( )方法；读取 csv 文件除了使用读取 txt 文件的方法外，还可以使用 csv 的 reader( )方法和 Pandas 的 read_csv( )方法。

本任务直接读取 txt 文件的所有行再进行处理：首先打开文件，接着遍历并处理每一行的所有 item，结果存入内存中。

```python
'''从 dataset.txt 文件里获取事务集'''
def get_data():
    path = 'dataset.txt'
    #安全打开文件,会自动 close()
    with open(path) as f:
        lines = f.readlines()
        #知道行数,定义好相应长度列表,比一直 append 效率高
        data = [['A', 'B'] for i in range(len(lines))]
        #遍历每一行,加入 items
        for i, line in enumerate(lines):
            #去掉空白字符串,只要 item 项,再 split 成每个元素
            data[i] = line.strip().split('\t')[1].split(',')
    return data
```

（2）得到频繁 1 项集

最开始需要得到每一个项，然后计算每一个项的支持度计数，最终得到频繁 1 项集。因此可以使用字典直接得到项及其计数，接着找到计数大于等于最小支持度计数的项及其计数。

编码实现得到频繁 1 项集：遍历数据集使用字典进行计数，筛选支持度计数大于最小支持度计数的项集，再将字典转换为列表，并按照项集进行排序。

```python
'''得到频繁 1 项集'''
def find_freq_1item(data, support_num):
    candidate_item = {}
    #遍历,计数
    for di in data:
        for dij in di:
            candidate_item[dij] = candidate_item.get(dij, 0) + 1
    freq_1item = {}
```

```python
#找到大于等于 support_num 的项和计数
for k,v in candidate_item.items():
    if v >= support_num:
        freq_1item[k] = v
freq_sorted = sorted(freq_1item.items(), key=lambda x:x[0])
frequence1 = [x[0] for x in freq_sorted]
count1 = [x[1] for x in freq_sorted]
return frequence1, count1
```

设定最小支持度计数为2，得到频繁1项集及其计数。结果如图8-11所示。

```python
data = get_data()
frequence1, count1 = find_freq_1item(data, 2)
frequence1, count1
```

(['A', 'B', 'C', 'E'], [2, 3, 3, 3])

图8-11 频繁1项集及其计数

（3）得到频繁 n 项集

得到频繁 n 项集主要分为两步：一是由频繁 $n-1$ 项集得到候选 n 项集，二是扫描数据集得到频繁 n 项集。主要的难点在于第一步，若是任意两个项组成一个候选 n 项集，很多都是无用的，且速度极慢。根据"频繁项集的所有子集也是频繁的，非频繁集的所有超集也是非频繁的"这两个原理（也称为"先验定理"），当只有两个项的最后一个元素不相同时，才拼接在一起，组成一个候选 n 项，再判断它所有子集是否是频繁的。因此，首先对频繁 $n-1$ 项集进行排序，再循环遍历两个项，判断是否满足只有最后一个元素不相同这个条件，如果满足，则生成候选 n 项，否则，继续循环。

```python
'''通过频繁 n-1 项集产生候选 n 项集,并通过先验定理对候选 n 项集进行剪枝'''
def get_candidate(frequence, num):
    length = len(frequence)
    candidate = []
    #生成候选2项集,不用剪枝
```

```
            if num == 1:
                for i in range(length - 1):
                    for j in range(i + 1, length):
                        candidate.append([frequence[i], frequence[j]])
                return candidate
        #用return语句,不用else
        for i in range(0, length - 1):
            tmp1 = copy.deepcopy(frequence[i])
            tmp1.pop(num - 1)
            #只有最后一个项不同才拼接,即 [A B], [A C] ==> [A B C]
            for j in range(i + 1, length):
                tmp2 = copy.deepcopy(frequence[j])
                tmp2.pop(num - 1)
                #已经排序,要是不同,后面的都不会相同
                if tmp1 == tmp2:
                    tmp = copy.deepcopy(frequence[i])
                    tmp.append(frequence[j][-1])
            candidate.append(tmp)
                else:
                    break
        candidate = pre_test(candidate, num, frequence)   #剪枝
        return candidate
```

注意:代码中大量使用 copy.deepcopy() 方法,因为在 Python 中可变对象发生改变时,并不会发生复制行为。

示例:Python 中的深复制和浅复制。

步骤	代码	输出结果
步骤1	import copy l1 = [2, 3, 5] l2 = l1 l3 = copy.deepcopy(l1) l2, l3	([2, 3, 5], [2, 3, 5])

（续）

步骤	代码	输出结果
步骤2	#改变l2，相当于改变l1 l2 [1] = 100 l1, l2, l3	([2, 100, 5], [2, 100, 5], [2, 3, 5])
步骤3	l1. append (30) l1, l2, l3	([2, 100, 5, 30], [2, 100, 5, 30], [2, 3, 5])
步骤4	#改变l3 则对l1，l2 毫无影响 l3. append (88) l1, l2, l3	([2, 100, 5, 30], [2, 100, 5, 30], [2, 3, 5, 88])

pre_test () 方法实现"剪枝"：根据候选 n 项生成所有的 $n-1$ 项，并判断 $n-1$ 项是否是频繁项，若不是，则删除该项。代码如下：

```
'''先验定理剪枝掉不必要的候选n项集
    依次取出候选 n - 1 项集,如果所有的 n - 1 项集不都是频繁 n - 1 项集的子集,
则删除该候选项集'''
def pre_test(candidate, num, frequence):
    i = len(candidate)
    while i > 0:
        i -= 1
        leni = len(candidate[i])
        #删除后面两个的任一个,肯定是频繁项集
        #因为是由两个频繁项集生成的候选项集
        for j in range(leni - 2):
            tmp = copy. deepcopy(candidate[i])
            tmp. pop(j)
            if tmp not in frequence:
                candidate. pop(i)
    return candidate
```

这里展示生成候选 2 项集的结果，如图 8-12 所示。

```
candidate2 = get_candidate(frequence1, 1)
candidate2
```

```
[['A', 'B'], ['A', 'C'], ['A', 'E'], ['B', 'C'], ['B', 'E'], ['C', 'E']]
```

图8-12 候选2项集结果

```
'''得到频繁项集:定义支持度 count 列表,遍历计数'''
def find_freq_item(candidate, data, support_num):
    # 定义计数的字典
    length = len(candidate)
    count = [0] * length
    # 将 candidate 的元素转换为 set 类型
    cand_set = [set(candi) for candi in candidate]
    for di in data:
        di_set = set(di)
        for i in range(length):
            if cand_set[i].issubset(di_set):
                count[i] += 1
    i = length
    while i > 0:
        i -= 1
        if count[i] < support_num:
            count.pop(i)
            candidate.pop(i)
    return candidate, count
```

(4) 生成关联规则

生成关联规则也主要分为两步：一是生成所有的强关联规则，二是删除多余的关联规则。

第一步生成所有强关联规则的难点在于如何得到所有规则子集，比如 ['A', 'B', 'C'] 得到所有规则子集 [['C'], ['A', 'B']], [['B'], ['A', 'C']], [['B', 'C'], ['A']], [['A'], ['B', 'C']], [['A', 'C'], ['B']], [['A', 'B'], ['C']] 有一个非常巧妙的方法，假设项的元素个数为 n，则设置变量 i 循环从 1 到 2^n-1，转换 i 为二进制，则二进制位上为 1 对应着该元素在规则的左部

分，反之在规则的右部分。例如，对于项 ['A', 'B', 'C', 'D'] 二进制 0100，规则左部分为 ['B']，规则右部分为 ['A', 'C', 'D']。

```
'''得到所有子集'''
def get_all_subset(ls):
    length = len(ls)
    #有 2^length 个子集，删除空集和全集
    all_subset = [['* ', '* '] for i in range(2** length - 2)]
    if length == 1:
        return []
    #二进制编码 1 - >2^n - 1，哪一位是 1，则加入 ls1，否则加入 ls2
    for i in range(1, 2** length - 1):
        #取得二进制编码
        bin_str = str(bin(i))[2:]
        bin_str = '0' * (length - len(bin_str)) + bin_str # 补齐 0
        ls1,ls2 = [], []
        for j, s in enumerate(bin_str):
            if s == '1':
                ls1. append(ls[j])
            else:
                ls2. append(ls[j])
        all_subset[i - 1] = [ls1, ls2]
    return all_subset
```

有了所有的规则子集，就可以得到该规则的置信度，选择置信度大于最小置信度的规则即为强关联规则。

```
'''生成关联规则'''
def generate_rules(frequence, count, min_conf = 0. 7):
    #生成强关联规则
    rule_list = []
    for i in range(len(frequence)):
        if len(frequence[i]) == 1:    #频繁 1 项集不能直接生成规则
```

```
            continue
        #得到所有规则
        all_subset = get_all_subset(frequence[i])
        for subset in all_subset:
            conf = float(count[i]) / count[frequence.index(subset[0])]
            if conf > = min_conf:
                rule_list.append([subset[0], subset[1], conf])
    return rule_list
```

第二步删除多余的关联规则主要分为两种情况：如果同时有 A⇒B，A⇒BC，那么可以删除 A⇒B；如果同时有 A⇒B，AC⇒B，那么可以删除 AC⇒B。但是不能直接删除，应该先做标记。要是直接删除，如果存在 A⇒B，A⇒BC 和 AD⇒B，则只会删除 A⇒B，其实 AD⇒B 也是冗余的。代码使用了一种比较巧妙的方法：先按照规则的左部分排序，如果左部分相同，且右部分处在包含关系，则标记右部分项少的规则，反之类似，最后再删除标记的规则。

```
'''删除无用的规则'''
def delete_unuse_rule(rule_list):
    #删除"多余"规则
    #A⇒BC, AD⇒BC, 删除 AD => BC 等
    rule_list = sorted(rule_list, key = lambda x: x[1])
    i = len(rule_list)
    while i > 1:
        i - = 1
        s1 = set(rule_list[i][0])
        j = i
        while j > 0:
            j - = 1
            if rule_list[i][1] = = rule_list[j][1]:
                s2 = set(rule_list[j][0])
                if s1.issubset(s2):
                    rule_list[j][-1] = -1
                elif s2.issubset(s1):
```

```
                    rule_list[i][-1] = -1
            else:
                break
#A⇒BC, A⇒BCD, 删除 A⇒BC 等
    rule_list = sorted(rule_list, key = lambda x:x[0])
    i = len(rule_list)
    while i > 1:
        i -= 1
        s1 = set(rule_list[i][1])
        j = i
        while j > 0:
            j -= 1
            if rule_list[i][0] == rule_list[j][0]:
                s2 = set(rule_list[j][1])
                if s1.issubset(s2):
                    rule_list[i][-1] = -1
                elif s2.issubset(s1):
                    rule_list[j][-1] = -1
            else:
                break
#删除所有最后元素为-1的规则,先排序,将需要删除的元素放在最后,效率会高一点
    rule_list = sorted(rule_list, key = lambda x:x[-1], reverse = True)
    i = len(rule_list)
    while i > 1:
        i -= 1
        if rule_list[i][-1] == -1:
            rule_list.pop(i)
        else:
            break
    return rule_list
```

最后输出所有关联规则，结果如图 8-13 所示。

```
import copy
frequence = copy.deepcopy(frequence1)
count = copy.deepcopy(count1)
frequence_i = copy.deepcopy(frequence1)
i = 2
while True:
    frequence_i = get_candidate(frequence_i, i - 1)
    if not frequence_i:
        break
    frequence_i, count_i = find_freq_item(frequence_i, data, 2)
    if not frequence_i:
        break
    frequence.extend(frequence_i)
    count.extend(count_i)
    i += 1
# 将频繁 1 项集的元素转换为列表
i = 0
while True:
    if isinstance(frequence[i], str):
        frequence[i] = list(frequence[i])
    else:
        break
    i += 1
rules = generate_rules(frequence, count, 0.5)
rules = delete_unuse_rule(rules)
for r in rules:
    print('{one} ==> {another} \t conf:{conf:.3f}'.format(one = r[0], another = r[1], conf = r[2]))
```

```
['A'] ==> ['C']            conf:1.000
['B'] ==> ['C', 'E']        conf:0.667
['C'] ==> ['A']            conf:0.667
['C'] ==> ['B', 'E']        conf:0.667
['E'] ==> ['B', 'C']        conf:0.667
```

图 8-13　所有关联规则

2. 使用 FP-Tree 算法

（1）读取数据集

直接读取 txt 文件的所有行再进行处理：首先打开文件，接着遍历并处理每一行的所有 item，结果存入内存中。

```python
'''从 dataset.txt 文件里获取事务集'''
def get_data():
    path = 'dataset.txt'
    #安全打开文件,会自动 close()
    with open(path) as f:
        lines = f.readlines()
        #知道行数,定义好相应长度列表,比一直 append 效率高
        data = [['A', 'B'] for i in range(len(lines))]
        #遍历每一行,加入 items
        for i, line in enumerate(lines):
            #去掉空白字符串,只要 item 项,再 split 成每个元素
            data[i] = line.strip().split('\t')[1].split(',')
    return data
```

（2）得到频繁 1 项集

编码实现得到频繁 1 项集：遍历数据集使用字典进行计数，筛选支持度计数大于最小支持度计数的项集，再将字典转换为列表，并按照项集进行排序。

```python
'''得到频繁 1 项集'''
def find_freq_1item(data, support_num):
    candidate_item = {}
    #遍历,计数
    for di in data:
        for dij in di:
            candidate_item[dij] = candidate_item.get(dij, 0) + 1
    freq_1item = {}
    #找到大于等于 support_num 的项和计数
    for k, v in candidate_item.items():
        if v >= support_num:
            freq_1item[k] = v
```

```
        freq_sorted = sorted(freq_1item.items( ), key = lambda x:x[1], reverse = True)
        frequence1 = [x[0] for x in freq_sorted]
        count1 = [x[1] for x in freq_sorted]
        return frequence1, count1
```

(3) 生成 FP 树

遍历数据集,根据项头表中项的顺序更改事务数据中项的顺序(代码中的 frequence1 是按照支持度计数排序好的频繁 1 项集),此处新建一个字典,事务数据中的项若在项头表中,则将项作为 key、在项头表中的下标作为 value 存入字典,按照 value 排序即可。接着,是建立 FP 树的核心:根据事务数据的项一直遍历树,若结点不存在,则新建一个结点,如果存在,计数加 1。这里使用字典来模拟树,父结点作为 key,父结点计数以及子结点作为 value。

```
'''构建 FP - Tree '''
    def build_tree(data, frequence1):
        res = {}
        frequence1_set = set(frequence1)
        length = len(frequence1)
        for di in data:
            temp_dict = {}
            #更改数据集中项的顺序
            for dij in di:
                #位置下标作为字典 value
                if dij in frequence1_set:
                    temp_dict[dij] = frequence1.index(dij)
            sorted_di = sorted(temp_dict.items( ), key = lambda x:x[1])
            di = [x[0] for x in sorted_di]
            #print(di)
            #根据数据的项一直遍历树,若结点不存在,则新建一个结点
            temp_res = res
            for dij in di:
                if dij in temp_res:
                    temp_res[dij]['* count* '] + = 1
                else:
                    temp_res[dij] = {'* count* ': 1}
                temp_res = temp_res[dij]
        return res
```

最后生成 FP 树，结果如图 8-14 所示。

```
data = get_data( )
frequence1，count1 = find_freq_1item( data，2)
build_tree( data，frequence1 )
```

```
{'C': {'*count*': 3,
  'A': {'*count*': 1},
  'B': {'*count*': 2, 'E': {'*count*': 2, 'A': {'*count*': 1}}}},
 'B': {'*count*': 1, 'E': {'*count*': 1}}}
```

图 8-14　生成的 FP 树

（4）得到频繁项集

这里首先得到所有的路径，遍历每个结点得到从根结点到该结点的路径，只要路径长度大于 1 则加入到所有路径。

```
'''得到所有路径'''
def get_freq(tree, node0, path, frequence, min_support_num):
    if len(path) > 1 and node0:
        if path in frequence:
            count[frequence.index(path)] + = tree['*count*']
        else:
            tmp = copy.deepcopy(path)
            tmp.append(tree['*count*'])
            frequence.append(tmp)
    node = list(tree.keys( ))
    if '*count*' in node:
        node.pop(node.index('*count*'))
    #不是叶子结点,则递归遍历
    if len(node) > 0:
        for n in node:
            tmp = copy.deepcopy(path)
            tmp.append(n)
            get_freq(tree[n], n, tmp, frequence, min_support_num)
```

得到所有的项集如图 8-15 所示，项集最后一项为其计数。

```
tree = build_tree(data, frequence1)
frequence = []
get_freq(tree, None, [], frequence, 2)
frequence = sorted(frequence, key = lambda x: x[-2])
frequence
```

```
[['C', 'A', 1],
 ['C', 'B', 'E', 'A', 1],
 ['C', 'B', 2],
 ['C', 'B', 'E', 2],
 ['B', 'E', 1]]
```

图 8-15　所有项集

很明显真正的项集计数不是路径的计数，还需要加上其他满足条件的路径的计数。这里的条件是：对于路径 A 和路径 B，A 和 B 的叶子结点相同，且 A 的其他结点是 B 的其他结点的子集。那么首先按照叶子结点和路径长度进行排序，再增加满足条件的路径的计数。

```
'''更改项集的计数,对于项集 x,y,只要 x[-2] == y[-2],
且 set(x[:-2]).issubdet(set(y[:-2])),则增加 x 的计数,x[-1] + = y[-1]'''
def change_freq_value(frequence):
    i = 0
    #根据最后一个项以及项集 length 排序
    frequence = sorted(frequence, key = lambda x: [x[-2], len(x)])
    length = len(frequence)
    frequence_set = [set(lsi[:-1]) for lsi in frequence]
    while i < length:
        j = i
        while j < length:
            if j ! = i:
                if frequence[i][-2] ! = frequence[j][-2]:
                    break
                if frequence_set[i].issubset(frequence_set[j]):
```

```
                        frequence[i][-1] += frequence[j][-1]
            j += 1
    i += 1
change_freq_value(frequence)
frequence = sorted(frequence, key = lambda x:len(x))
```

通过上面得到的特殊频繁项集，得到真正的多项频繁项集及其计数。首先按照项集的长度排序，接着通过前面介绍的得到所有子集 get_all_subset() 方法得到子集，最后根据计数得到频繁项集。

```
'''由前面得到的特殊项集得到真正的多项频繁项集及其计数'''
def get_freq_and_count(special_freq, min_support_num):
    frequence = []
    count = []
    for freq in special_freq:
        if freq[-1] >= min_support_num:
            frequence.append(freq[:-1])
            count.append(freq[-1])
            subset = get_all_subset(freq[:-1])
            for sub in subset:
                if len(sub[0]) > 1 and sub[0] not in frequence:
                    frequence.append(sub[0])
                    count.append(freq[-1])
    return frequence, count
```

（5）生成关联规则

最后，通过 Apriori 算法中介绍的第 4 步骤的 generate_rules() 方法及 delete_unuse_rule() 方法得到最终结果，如图 8-16 所示。

```
frequence0, count0 = get_freq_and_count(frequence, 2)
frequence1.extend(frequence0)
count1.extend(count0)
# 将频繁 1 项集的元素转换为列表
i = 0
while True：
```

```
        if isinstance(frequencel[i], str):
            frequencel[i] = list(frequencel[i])
        else:
            break
        i += 1
rules = generate_rules(frequencel, count1, 0.5)
rules = delete_unuse_rule(rules)
for r in rules:
    print('{one} ==> {another} \t conf:{conf:.3f}'.format(one=r[0], another=r[1], conf=r[2]))
```

```
['A']   ==>  ['C']          conf:1.000
['B']   ==>  ['C', 'E']     conf:0.667
['C']   ==>  ['A']          conf:0.667
['C']   ==>  ['B', 'E']     conf:0.667
['E']   ==>  ['C', 'B']     conf:0.667
```

图 8-16　所有关联规则

单元总结

本单元学习了数据降维算法和特征关联规则生成，在降维算法中主要学习了 PCA 主成分分析算法和 LDA 线性判别分析算法，并通过鸢尾花数据集降维分析任务学习了 Sklearn 库中两种算法的调用方法和降维效果。在关联规则中主要学习了 Apriori 算法和 FP-Tree 算法，并且通过客户购买商品关联分析的任务了解了算法的实现流程和方法。

单元评价

请根据任务完成情况填写表 8-3 的掌握情况评价表。

单元 8 降维与关联规则

表 8-3　单元学习内容掌握情况评价表

评价项目	评价标准	分值	学生自评	教师评价
PCA 降维	能够掌握 PCA 降维的原理和调用方法	20		
LDA 降维	能够掌握 LDA 降维的原理和调用方法	20		
关联规则	能够掌握关联规则的概念和分析过程	20		
Apriori 算法	能够掌握 Apriori 算法的流程和用法	20		
FP – Tree 算法	能够掌握 FP – Tree 算法的流程和用法	20		

单\元\习\题

简答题

1. 简述 PCA 降维算法的流程。
2. 简述 LDA 降维算法的流程。
3. 简述 Apriori 关联规则算法的流程。
4. 简述 FP-Tree 关联规则算法的流程。

Chapter 9

单元9
神经网络算法

学习情境

神经网络是机器学习的重要分支，许多复杂的应用（如模式识别、自动控制）和高级模型（如深度学习）都基于它。它不但具有处理数值数据的计算能力，而且具有处理知识的思维、学习和记忆能力。随着训练数据的增多以及（并行）计算能力的增强，神经网络在很多机器学习任务上已经取得了很大的突破，特别是在语音、图像等感知信号的处理上，神经网络表现出了卓越的学习能力。本单元将介绍神经网络的结构和应用原理，以及常用的卷积神经网络、循环神经网络和生成对抗网络的相关知识。

学习目标

- ◆ 知识目标
  了解神经网络模型的原理
  学习卷积神经网络、循环神经网络等模型的使用
- ◆ 能力目标
  能够使用机器学习库中的神经网络模型解决实际问题
- ◆ 职业素养目标
  培养学生对复杂问题的分析和处理能力

任务 MNIST 手写数字识别

任务描述

手写数字的 MNIST 数据集是机器学习领域的一个经典数据集,它来自美国国家标准与技术研究所(NIST),是一个庞大的手写数字数据库,可以被用来训练和测试关于手写数字识别的模型。它有 60 000 个训练样本集和 10 000 个测试样本集,训练集(Training Set)由来自 250 个不同人手写的数字构成,其中 50% 是高中学生,50% 来自人口普查局的工作人员。测试集(Test Set)也是同样比例的手写数字数据。数据集的图片分别代表了阿拉伯数字 0~9 中的任意一个数字,这些数字已经过尺寸标准化并位于图像中心,图像是固定大小(28×28 像素),每个像素点的值介于 0~1 之间。为简单起见,每个图像都被平展并转换为 784(28×28)个特征的一维 NumPy 数组。数据集中的数字图像如图 9-1 所示。

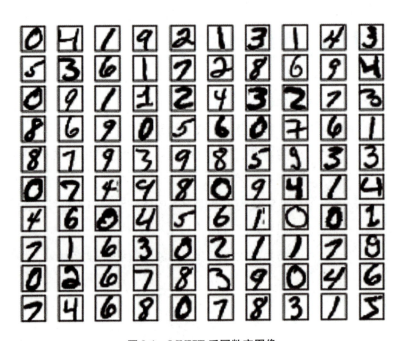

图 9-1 MNIST 手写数字图像

本任务就是使用神经网络算法对数据集样本训练模型,能对测试样本中的手写数字进行分类预测,并根据该样本的实际标签来检验预测的效果。

单元 9 神经网络算法

任务目标

◆ 学习人工神经网络的基本原理和构成
◆ 学习 BP 神经网络、卷积神经网络、循环神经网络等模型

知识准备

一、人工神经网络基础

人工神经网络（Artificial Neural Network，ANN），顾名思义，是以人工构造的方式模拟人类大脑的结构和功能，以神经网络的方式来实现数据处理的数学模型。人工神经网络以大量神经元为基本元素，具有高度的非线性特点，因此可以处理复杂的逻辑操作和非线性问题。在人工智能领域，人工神经网络也常常简称为神经网络（Neural Network，NN）或神经模型（Neural Model）。

1. 神经元与激活函数

（1）神经元

人脑神经网络的基本单位是神经元，神经元由树突、细胞体和轴突组成，如图 9-2 所示。树突负责收集信息，细胞体对信息进行处理，处理后的信息通过轴突传递到下一个神经元。

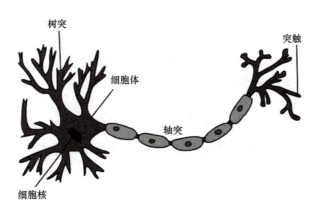

图 9-2 人脑神经元构造图

科学家们根据生物神经元的结构提出了人造神经元模型，也称为感知器。神经元也就是人们常说的神经网络节点，其基本结构如图 9-3 所示。

— 223 —

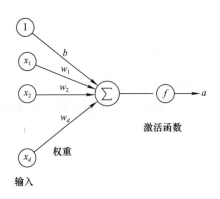

图 9-3 神经元模型图

图中的 x_1、x_2、$\cdots$、x_d 为输入信号，w_1、w_2、$\cdots$、w_d 是对应信号的权重，即参数；b 是偏置项，可以理解为线性偏差。神经元节点收集到加权信号数据后，将它们叠加得到净输入 $z = \sum_{i=1}^{d} w_i x_i + b = w^T x + b$。净输入 z 在经过一个非线性函数 $f(\cdot)$ 后得到神经元的输出 a，即 $a = f(z)$，其中的非线性函数 $f(\cdot)$ 称为激活函数（或激励函数）。

（2）激活函数

激活函数也叫点火规则，当一个神经元的输入足够大时，就会点火，从而产生输出。常用的激活函数有：

1）阈值型激活函数。阈值型激活函数或称阶跃函数，将任意的输入转化为 0 和 1 的输出，其数学表达式为：

$$a = f(x) = \begin{cases} 1, wx+b \geq 0 \\ 0, wx+b < 0 \end{cases} \tag{9-1}$$

2）Sigmoid 激活函数。Sigmoid 函数是指一类 S 型曲线函数，常用的有：

● Logistic 函数。这是对数类的 S 型函数，其数学表达式为：

$$f(x) = \frac{1}{1+e^{-x}} \tag{9-2}$$

● Tanh 函数。这是双曲正切类的 S 型激活函数，其数学表达式为：

$$f(x) = \frac{1-e^{-2x}}{1+e^{-2x}} \tag{9-3}$$

这两类 S 型激活函数的图像如图 9-4 所示。与对数型 S 型函数相比，双曲正切 S 型函数是零均值的，在特征相差明显时的效果会更好。

3）ReLU 激活函数。ReLU（Rectified Linear Unit，修正线性单元），也叫 Rectifier 函数，是目前深度神经网络中经常使用的激活函数。其定义为：

$$f(x) = \begin{cases} x, x \geq 0 \\ 0, x < 0 \end{cases} \tag{9-4}$$

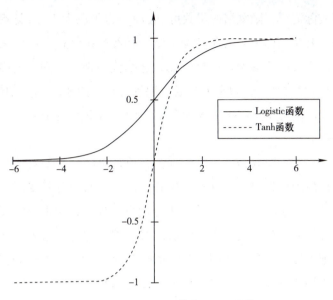

图 9-4　Logistic 函数和 Tanh 函数

采用 ReLU 的神经元，只需要进行加、乘和比较的操作，计算上更加高效。

2．神经网络的结构和类型

（1）神经网络的结构

在机器学习领域，人工神经网络是指由很多人工神经元构成的网络结构模型，简称神经网络。一个简单的神经网络结构图如图 9-5 所示。

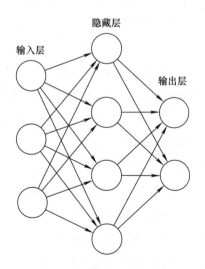

图 9-5　神经网络结构图

图中最左边的一层叫作输入层，最右边的一层叫作输出层，中间所有节点组成的一层叫作隐藏层。根据实际需要，隐藏层的层数可以为1，也可以大于1，隐藏层为1的网络称为单隐层神经网络，其余的称为多隐层神经网络。神经网络结构图中的拓扑与箭头代表预测过程中数据的流向，其中的圆圈代表神经元，连线代表神经元间的连接，每个连接都对应一个权重（它的值称为权值），权重需要通过训练得到。图9-5中输入层为3个结点，输出层为2个结点，该网络可用于解决输入为3维向量（即3个特征）的二分类问题，其输出为两种分类的概率。

输入层的结点只负责传输数据，不负责计算，而输出层则需要对前一层的输入进行计算。需要计算的层被称为计算层。只有输入层和输出层，而没有隐藏层的神经网络称为单层神经网络，它的输入和输出之间的关系是线性代数方程组，它可以实现线性分类，也就是通过超平面决策分界来实现分类。有隐藏层的神经网络称为多层神经网络，它可以实现非线性分类功能。理论证明，两层（即一个隐藏层）神经网络可以无限逼近任意连续函数。

神经网络模型最终的结果是由其中的权重和偏置参数来决定，所以神经网络中的核心任务就是找到合适的参数。

（2）神经网络的分类

人工神经网络按照神经元连接方式的不同，可以分为前馈型神经网络、反馈型神经网络与自组织神经网络。

1）前馈型神经网络。前馈型神经网络中，网络信息处理的方向是逐层进行的，从输入层到隐藏层再到输出层，各层信息只能向前传送，而不能反向传送。

前馈神经网络包括全连接前馈神经网络和卷积神经网络。

2）反馈型神经网络。在反馈型神经网络中，信息在前向传递的同时还要进行反向传递，这种信息的反馈可以发生在不同网络层的神经元之间，也可以只局限于某一层神经元上。

反馈型神经网络的典型代表是Elman网络和Hopfield网络。

3）自组织神经网络。自组织神经网络是通过寻找样本中的内在规律和本质属性，以自组织、自适应的方式来改变网络参数和结构。同一层神经元之间存在相互竞争，竞争胜利的神经元修改与其相连的连接权值。

（3）反向传播与BP神经网络

BP神经网络是人工神经网络中最典型、应用最广泛的模型，BP是Back Propagation的简写，即误差反向传播。它是一种多层前馈神经网络，由一个输入层、一个输出层和一个或多个隐藏层组成，相邻层之间的神经元互相连接，每层神经元之间无连接。

BP神经网络算法的训练路径包括两个阶段：信息正向传递和误差反向传播。下面以图9-5中只有一个隐藏层的网络来说明。

1）信息的正向传递。输入学习样本，经隐藏层计算传到输出层。每一个隐藏层的输出都是下一个隐藏层的输入。

2）误差的反向传播。当实际输出与目标输出之间的误差不能满足要求的精度时，进入误差的反向传播阶段，通过网络将误差按原来的路径反传回来。从输出层开始，逐层计算各层神经元的输出误差，采用梯度下降法来调节与修正各层的权值和阈值，通过修正，其网络的最终输出逐步接近期望值。两个阶段循环进行，直到网络收敛为止。

3. 神经网络与深度学习

人工神经网络算法的最大价值是解决了非线性分类问题，但在实际应用时存在以下缺点：

1）比较容易过拟合，参数比较难调教，而且需要不少技巧。

2）训练速度比较慢，在层次比较少（小于等于3）的情况下效果并不比其他方法更优。

深度学习是机器学习研究中的一个新的领域，其动机在于建立模拟人脑进行分析学习的神经网络，它模仿人脑的机制来解释数据，如图像、声音和文本。深度学习的概念源于人工神经网络的研究，含多隐层的多层感知器就是一种深度学习结构。深度学习通过组合低层特征形成更加抽象的高层表示属性类别或特征，以发现数据的分布式特征表示。

深度学习与传统的神经网络之间有相同的地方也有很多不同。

二者的相同在于深度学习采用了神经网络相似的分层结构，系统由包括输入层、隐藏层（多层）、输出层组成的多层网络，只有相邻层结点之间有连接，同一层以及跨层节点之间相互无连接，每一层可以看作是一个逻辑回归模型；这种分层结构，比较接近人类大脑的结构。

为了克服神经网络训练中的问题，深度学习采用了与神经网络很不同的训练机制。传统神经网络（这里主要指前向神经网络）中采用的是反向传播的方式进行，而深度学习整体上是一个分层的训练机制，采用了"逐层初始化"来克服深层网络下传统神经网络算法的缺陷。它先用无监督学习方法分层训练，将上一层输出作为下一层的输入，从而得到各层参数的初始值。这使得网络的初始状态更接近最优质的，提高了后续学习的性能。

二、卷积神经网络

1. 卷积神经网络介绍

卷积神经网络（Convolutional Neural Networks，CNN）是一种多层神经网络，擅长处理图像（特别是大图像）的机器学习问题。它的实际应用非常广泛，例如安检窗口的人脸识别、购物APP上的图像识别检索、医学上的细胞分析、办公上的拍照取字等。

卷积神经网络是通过一系列方法，将数据量庞大的图像识别问题不断降维，最终使其能够被训练。

如果使用传统的全连接神经网络方式，对一张1000×1000像素的图片进行分类，把图片的每个像素都连接到隐藏层的所有神经元结点上，那么如果隐藏层有10^6个神经元，就会一共有$1000×1000×10^6=10^{12}$个连接，也就是10^{12}个参数，这显然是不能接受的。但是在CNN里，同样对一张1000×1000像素的图像进行分类，假设使用100个过滤器，每个过滤器的大小均为 10×10 像素，参数数量为 100×10×10 = 10^4，可以大大减少参数个数，这是基于以下两个假设：

1）最底层特征都是局部性的。也就是说，用 10×10 这样大小的过滤器就能表示边缘等底层特征。

2）图像上不同小片段以及不同图像上的小片段的特征是类似的。也就是说，能用同样的一组分类器来描述各种各样不同的图像。

基于以上两个假设，就能把第一层 1000×1000 的网络结构通过 100 个 10×10 的过滤器简化为 10^4 个参数。

2. 卷积计算方法

卷积运算就是将原始图片的像素点与特定的过滤器（卷积核）做乘积然后求和。卷积核中的数值与神经网络中的权值类似，表示对特征进行变换的方法。初始值可以是随机初始化的，然后通过反向传播不断进行更新，最终要求解的就是卷积核中的每个元素的值。图 9-6 就是一个卷积计算的例子，每次移动一步，可以一次做完整张表的计算，如图 9-7 所示。

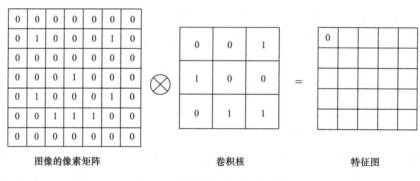

图 9-6 卷积计算的一个结果值

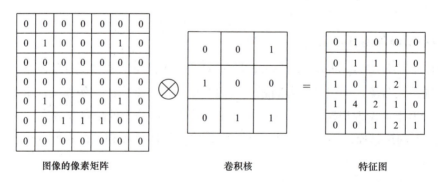

图 9-7 卷积计算的完整结果

卷积核过滤器的目的是萃取出图片中的一些特征（如形状），通常一次卷积操作希望能够得到更多的特征，所以一个特征图肯定不够用，可以选择多个过滤器，从而得到不同方式下的特征图,再把它们堆叠在一起就完成了全部卷积操作。

卷积操作中会涉及如下的控制参数:

1)卷积核(filter)。卷积核决定了最终特征提取的效果,需要设置其大小和初始化方法。大小即长和宽,选择较小的卷积核可以得到更细致(数量更多)的特征。

2)步长(stride)。在选择特征提取区域时,需要指定每次滑动单元格的大小,也就是步长。如果步长较小,得到的特征图信息就会较大较丰富;步长较大,得到的特征图也会比较小。步长通常设置为1,意味着卷积核逐个像素滑动。

3)边界填充(pad)。在卷积核滑动过程中,边界上的点只能参与一次计算,而内部的点可能会被滑动多次,就会使得边界点对整体结果的贡献较小而出现数据处理的不公平。为了改进,可在边界上填充一圈0来解决此问题,因为0值在参与计算时对结果不会有影响。

4)特征图规格计算。卷积操作后的特征图的大小可用如下公式进行计算:

$$W_2 = \frac{W_1 - F_W + 2P}{S} + 1 \quad H_2 = \frac{H_1 - F_H + 2P}{S} + 1 \quad (9\text{-}5)$$

式中,W_1、H_1是输入的宽度和长度;W_2、H_2是输出特征图的宽度和长度;F是卷积核的宽度和长度;S是滑动窗口的步长;P是边界填充时添加0的圈数。

卷积操作中使用了参数共享原则,在每次迭代时,对所有区域使用相同的卷积核计算特征,这样由于每一个卷积核都是固定的,所需的权值参数就少多了。例如,对于$32 \times 32 \times 3$的图像,使用10个$5 \times 5 \times 3$的卷积核操作,每个卷积核有75个参数和一个偏置参数,所以最终只需要$10 \times 75 + 10 = 760$个参数。

3. 卷积神经网络结构

卷积神经网络是一种多层的监督学习神经网络,隐含层的卷积层和池采样层是实现卷积神经网络特征提取功能的核心模块。该网络模型通过采用梯度下降法最小化损失函数来对网络中的权重参数逐层反向调节,通过频繁的迭代训练提高网络的精度。一个卷积神经网络主要由5种结构组成,如图9-8所示。

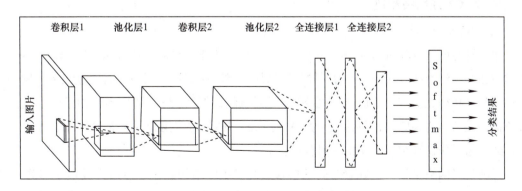

图9-8 用于图像分类的卷积神经网络图

1）输入层。输入层是整个神经网络的输入，在处理图像的卷积神经网络中，它一般代表了一张图片的像素矩阵。比如在图 9-8 中，最左侧的三维矩阵的长和宽代表了图像的大小，而三维矩阵的深度代表了图像的色彩通道（channel）。比如黑白图片的深度为 1，而在 RGB 色彩模式下，图像的深度为 3。从输入层开始，卷积神经网络通过不同的神经网络结构将上一层的三维矩阵转化为下一层的三维矩阵，直到最后的全连接层。

2）卷积层。从名字就可以看出，卷积层是一个卷积神经网络中最重要的部分。和传统全连接层不同，卷积层中的每一个节点的输入只是上一层神经网络中的一小块，这个小块的大小有 3×3 或者 5×5。卷积层试图将神经网络中的每一个小块进行更加深入的分析从而得到抽象程度更高的特征。一般来说，通过卷积层处理的节点矩阵会变得更深，所以图 9-9 中可以看到经过卷积层之后的节点矩阵的深度会增加。

3）池化层。池化层神经网络不会改变三维矩阵的深度，但是它可以缩小矩阵的大小，作用就是对特征图进行压缩。池化操作可以认为是将一张分辨率较高的图片转化为分辨率较低的图片。通过池化层，可以进一步缩小最后全连接层中节点的个数，从而达到减少整个神经网络中的参数的目的。

4）全连接层。如图 9-8 所示，在经过多轮卷积层和池化层处理之后，在卷积神经网络的最后一般会由 1 或 2 个全连接层来给出最后的分类结果。经过几轮的卷积层和池化层的处理之后，可以认为图像中的信息已被抽象成了信息含量更高的特征。可以将卷积层和池化层看成自动图像特征提取的过程。在特征提取完成之后，仍然需要使用全连接层来完成分类任务。

5）Softmax 输出层。输出层主要用于分类问题，可以采用逻辑回归、Softmax 回归甚至是支持向量机对输入图像进行分类。Softmax 回归是在逻辑回归的基础上扩张而来，它的目的是为了解决多分类问题。在这类问题中，训练样本的种类一般在两个以上。经过 Softmax 层，可以得到当前样例中属于不同种类的概率分布情况。

三、循环神经网络

1. 循环神经网络概述

（1）RNN 的概念

递归神经网络（Recursive Neural Network）和循环神经网络（Recurrent Neural Network）统称为递归神经网络（RNN）。循环神经网络属于时间递归神经网络，时间递归神经网络的神经元间连接构成矩阵；递归神经网络属于结构递归神经网络，结构递归神经网络利用相似的神经网络结构递归构造更为复杂的深度网络。RNN 通常是指循环神经网络，可以将递归神经网络看作循环神经网络的一种泛化。

循环神经网络是指一个随着时间的推移重复发生的结构。在自然语言处理（NLP）、语音图像等多个领域均有非常广泛的应用，比如某个单词的意思会因为上文提到的内容不同而有不同的含义，RNN 就能够很好地解决这类问题。RNN 网络和其他网络最大的不同就在于 RNN 能够实现某种"记忆功能"，是进行时间序列分析最好的选择。如同人类能够凭借自己过往的记忆更好地认识这个世界一样，RNN 也实现了类似于人脑的这一机制，对所处理过的信息留存有一定的记忆，而不像其他类型的神经网络并不能对处理过的信息留存记忆。

（2）RNN 的原理

一个典型的 RNN 神经网络如图 9-9 所示。

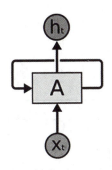

图 9-9　RNN 结构图

由上图可以看出：一个典型的 RNN 网络包含一个输入 X，一个输出 h 和一个神经网络单元 A。和普通的神经网络不同的是，RNN 网络的神经网络单元 A 不仅与输入和输出存在联系，其与自身也存在一个回路。这种网络结构就揭示了 RNN 的实质：上一个时刻的网络状态信息将会作用于下一个时刻的网络状态。如果上图的网络结构仍不够清晰，RNN 网络还能够以时间序列展开成如图 9-10 所示的形式。

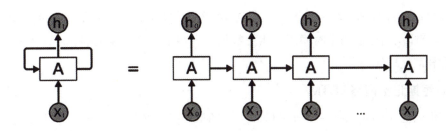

图 9-10　RNN 展开图

等号右边的等价 RNN 网络中最初始的输入是 X_0，输出是 h_0，这代表着 0 时刻 RNN 网络的输入为 X_0，输出为 h_0，网络神经元在 0 时刻的状态保存在 A 中。当下一个时刻 1 到来时，此时网络神经元的状态不仅由 1 时刻的输入 X_1 决定，也由 0 时刻的神经元状态决定。以后的情况都以此类推，直到时间序列的末尾 t 时刻。

可以用一个简单的例子来说明：假设现在有一句话 "I want to play basketball"，由于自然语言本身就是一个时间序列，较早的语言会与较后的语言存在某种联系，例如刚才的句子中"play"这个动词意味着后面一定会有一个名词，而这个名词具体是什么可能需要更遥远的语境来决定。这句话中的 5 个单词是以时序出现的，现在将这 5 个单词编码后依次输入到 RNN 中。首先是单词"I"，它作为时序上第一个出现的单词被用作 X_0 输入，拥有一个 h_0 输出，并且改变了初始神经元 A 的状态。单词"want"作为时序上第二个出现的单词作为 X_1 输入，这时 RNN 的输出和神经元状态将不仅由 X_1 决定，也将由上一时刻的神经元状态或者说上一时刻的输入 X_0 决定。之后的情况以此类推，直到上述句子输入到最后一个单词"basketball"。

图 9-11 是一个 RNN 模型架构图，中间 t 时刻的网络模型揭示了 RNN 的结构。

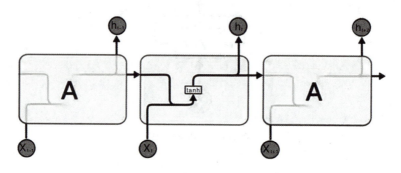

图 9-11　RNN 模型结构图

可以看到，原始的 RNN 网络的内部结构非常简单。神经元 A 在 t 时刻的状态仅仅是 t−1 时刻神经元状态与 t 时刻网络输入的双曲正切函数的值，这个值不仅作为该时刻网络的输出，也作为该时刻网络的状态被传入到下一个时刻的网络状态中，这个过程叫作 RNN 的正向传播。

RNN 网络的原理和计算方法都与全连接神经网络类似，只不过要考虑前一轮的结果。这就使得 RNN 网络更适用于时间序列相关数据，它与语言和文字的表达十分相似，所以更适合自然语言处理任务。

2. 长短期记忆网络 LSTM

长短期记忆（Long Short-Term Memory，LSTM）是一种特殊的 RNN，主要是为了解决长序列训练过程中的梯度消失和梯度爆炸问题。简单来说，相比普通的 RNN，LSTM 能够在更长的序列中有更好的表现。比如，如果一句话过长，也就是输入的序列过多时，RNN 会把很多无关信息全部考虑进来，这样就会使得网络模型的效果有所下降。最好的办法是让网络有选择性地记忆或遗忘一些内容，重要的东西需要记得更深刻，价值不大的信息可以遗忘掉，这就是 LSTM 的思想。LSTM 模型的结构如图 9-12 所示。

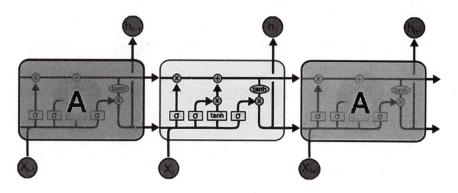

图 9-12　LSTM 模型结构图

LSTM 模型将各种运算集合在一个单元（称为细胞）中，LSTM 单元有一个内部状态变量，并且该状态变量可以从一个单元传递到另一个 LSTM 单元中，同时通过一种叫作门的机制进行修改。门可以实现选择性地让信息通过，主要是通过一个 sigmoid 神经层和一个逐点相乘的操作来实现的。sigmoid 层输出（是一个向量）的每个元素都是一个在 0 和 1 之间的实数，表示让对应信息通过的权重（或者占比）。比如，0 表示"不让任何信息通过"，1 表示"让所有信息通过"。LSTM 通过 3 个这样的基本结构来实现信息的保护和控制，这 3 个门分别是遗忘门、输入门和输出门，如图 9-13 所示。

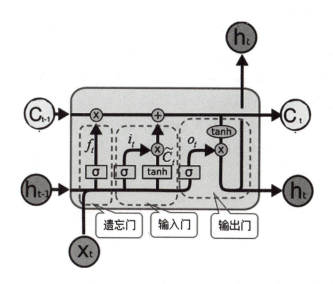

图 9-13　LSTM 基本结构

（1）遗忘门

在 LSTM 中的第一步是决定从细胞状态中丢弃什么信息。这个决定通过一个遗忘门完成。该门会读取 h_{t-1} 和 X_t，输出一个在 0~1 之间的数值给每个在细胞状态 C_{t-1} 中的数字。1 表示"完全保留"，0 表示"完全舍弃"。

$$f_t = \sigma(W_f \cdot [h_{t-1}, X_t] + b_f)$$

式中，h_{t-1} 是上一个细胞输出的隐藏状态；X_t 是当前细胞的输入；σ 是 sigmoid 函数。

（2）输入门

下一步是决定让多少新的信息加入到细胞状态中来。实现这个需要包括两个步骤：首先，将前一个隐藏状态信息和当前输入信息传入到 sigmoid 函数，决定哪些信息需要更新；其次通过一个 Tanh 函数生成一个向量，也就是备选的用来更新的内容 $\tilde{C}_t$。下一步将这两部分联合起来，对细胞状态进行更新。

$$i_t = \sigma(W_f \cdot [h_{t-1}, X_t] + b_f)$$

$$\tilde{C}_t = \mathrm{Tanh}(W_c \cdot [h_{t-1}, X_t] + b_c)$$

下面的操作就是对 C_t 进行更新：

$$C_t = f_t * C_{t-1} + i_t * \tilde{C}_t$$

公式的左边就是前面遗忘门给出的 f_t，这个值乘 C_{t-1}，表示过去的信息有选择地遗忘或保留。右边也是同理，新的信息 $\tilde{C}_t$ 乘 i_t 表示新的信息有选择地遗忘或保留，最后再把这两部分信息加起来，就是新的状态。

（3）输出门

最后就是 lstm 的输出了。

$$o_t = \sigma(W_o[h_{t-1}, X_t] + b_o)$$

$$h_t = o_t \times \mathrm{Tanh}(C_t)$$

这里的 o_t 还是用了一个 sigmoid 函数，表示输出哪些内容，而 C_t 通过 Tanh 缩放后与 o_t 相乘，最终仅会输出确定输出的那部分。

以上描述的 3 个门有互相独立的权重和偏置，因此将分别学习网络，保持过去输出的概率、当前输入的概率以及将内态传递给输出的概率。

任务实施

一、实现思路

本任务将首先调用 Sklearn 中的多层神经网络算法模型对数据集进行数字识别，然后通过 TensorFlow 框架搭建神经网络模型来实现数字识别。

二、程序代码

1. 使用多层感知机模型

首先下载数据集并观察样本数据的维度，执行结果如图 9-14 所示。

```
#下载数据集并展示数据
from tensorflow.examples.tutorials.mnist import input_data
mnist = input_data.read_data_sets("d:/MNIST_data/", one_hot = True)
print("训练集的 shape:", mnist.train.images.shape)
print("训练集标签 shape:", mnist.train.labels.shape)
print("测试集的 shape:", mnist.test.images.shape)
print("测试集标签 shape:", mnist.test.labels.shape)
```

```
训练集的shape: (55000, 784)
训练集标签shape: (55000, 10)
测试集的shape: (10000, 784)
测试集标签shape: (10000, 10)
```

图 9-14　训练集和测试集维度

为了直观地观察数据，可以输出一部分数据的内容和图片，如图 9-15 所示。

```
#绘制手写数据集的图:显示前面 36 个
import matplotlib.pyplot as plt
for i in range(36):
    plt.subplot(6,6,i+1)#以 6 行 6 列进行显示,并从 1 开始(i=0)
    plt.imshow(np.reshape(mnist.train.images[i],(28,28)))#图片绘制
plt.show()#图片显示
```

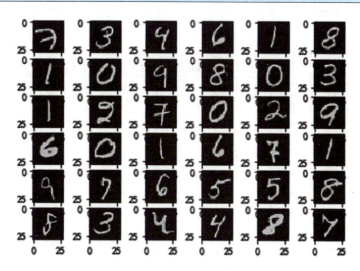

图 9-15　数据集中的部分图片

接下来构建多层感知机模型进行训练和预测,并给出分类效果评价。执行结果如图9-16所示。

```python
#数据集划分,10%作为测试集
from sklearn.neural_network import MLPClassifier # 多层感知机模型
train_x = mnist.train.images[:10000]
train_y = mnist.train.labels[:10000]
test_x = mnist.validation.images[:500]
test_y = mnist.validation.labels[:500]
plt.rcParams['font.sans-serif'] = ['SimHei']    # 用黑体显示中文
scores = []
xlable = []
for i in range(5, 100, 5):
    clf = MLPClassifier(solver = 'lbfgs', alpha = 1e - 5, hidden_layer_sizes = (i,), random_state = 1,max_iter = 1000)
    clf.fit(train_x, train_y)
    r = clf.score(test_x, test_y)
    print(i,r)
    scores.append(r)
    xlable.append(i)
plt.plot(xlable, scores)
plt.title('隐藏层神经元个数变化对识别效果的影响')
plt.show()
```

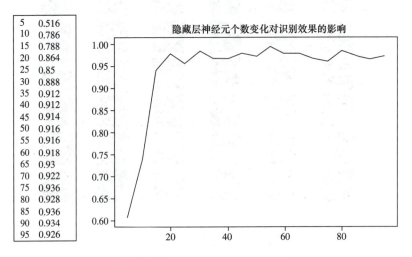

图9-16 多层感知机模型分类效果

2. 使用 TensorFlow 构建神经网络模型

下面使用 TensorFlow 框架搭建神经网络模型，并对数据集进行训练和预测。首先定义输入、输出和网络参数模型。

```
import tensorflow.compat.v1 as tf
tf.disable_v2_behavior()
#每一张图展平成784维的向量。所以输入是784维,输出是10分类
x = tf.placeholder(tf.float32, [None, 784])
y = tf.placeholder(tf.float32, [None, 10])
#输入层与隐藏层、隐藏层与输出层的参数
hide_units = 64 #隐藏层神经元个数
w1 = tf.Variable(tf.truncated_normal([784,hide_units],stddev = 0.1))
b1 = tf.Variable(tf.constant(0.1),[hide_units])
w2 = tf.Variable(tf.truncated_normal([hide_units,10],stddev = 0.1))
b2 = tf.Variable(tf.constant(0.1),[10])
```

这里由于输入输出维度是固定的，使用了 tf.placeholder 占位符来描述输入输出模型，其中的 None 表示不限制 batch 的大小，每次可以迭代多个数据。针对输入层、隐藏层、输出层之间的权重参数和偏移值，使用了 truncated_normal 对权重参数进行随机高斯初始化并进行了限制。一个 Variable 代表一个可修改的张量，它们可以用于计算输入值，也可以在计算中被修改。

接下来就可以实现模型、指定损失函数并使用梯度优化器进行更新：

```
h_out = tf.nn.relu(tf.matmul(x,w1) + b1)
f_out = tf.matmul(h_out, w2) + b2
loss = tf.reduce_mean(tf.nn.softmax_cross_entropy_with_logits(labels = y,logits = f_out))
opt = tf.train.GradientDescentOptimizer(0.01).minimize(loss)
```

这里的 tf.matmul（x，w）表示 x 乘以 w1，然后再加上 b1，通过 relu 激活函数后就是隐藏层的输出，再将隐藏层输出乘以 w2，再加上 b2，就是模型最终的输出。这里要求 TensorFlow 用梯度下降算法以 0.01 的学习速率最小化预测与实际向量的交叉熵。

下面就可以训练模型，并在训练过程中打印模型预测的准确度，执行结果如图 9-17 所示。

```
correct_prediction = tf. equal(tf. argmax(f_out,1), tf. argmax(y,1))
accuracy = tf. reduce_mean(tf. cast(correct_prediction, "float"))
sess = tf. Session( )
init = tf. initialize_all_variables( )
sess. run(init)
for i in range(10000):
    batch = mnist. train. next_batch(100)
    #batch_x = batch[0]
    _,trainLoss = sess. run([opt,loss], feed_dict = {x:batch[0],y:batch[1]})
    if i%1000 == 0:
        print("迭代次数",i,",准确率:",accuracy. eval(session = sess, feed_dict = {x:batch[0],y:batch[1]}))
```

```
迭代次数 0 ,准确率： 0.08
迭代次数 1000 ,准确率： 0.76
迭代次数 2000 ,准确率： 0.9
迭代次数 3000 ,准确率： 0.88
迭代次数 4000 ,准确率： 0.92
迭代次数 5000 ,准确率： 0.95
迭代次数 6000 ,准确率： 0.9
迭代次数 7000 ,准确率： 0.93
迭代次数 8000 ,准确率： 0.91
迭代次数 9000 ,准确率： 0.86
```

图 9-17　搭建的神经网络分类效果

单元总结

本单元学习了人工神经网络、卷积神经网络、循环神经网络等模型的原理，并使用 Sklearn 中的多层感知机算法和 TensorFlow 框架完成了 MNIST 手写数字识别的任务。

单元评价

请根据任务完成情况填写表 9-1 的掌握情况评价表。

单元 9 神经网络算法

表 9-1 单元学习内容掌握情况评价表

评价项目	评价标准	分值	学生自评	教师评价
神经网络基础	能够掌握神经元、激活函数的概念和神经网络的结构	25		
卷积神经网络	能够掌握卷积神经网络的原理和应用	25		
循环神经网络	能掌握循环神经网络的原理和应用	25		
神经网络算法调用	能够掌握 Sklearn 中神经网络算法的调用方法	25		

单元习题

一、填空题

Logistic 激活函数的定义是_____，Tanh 激活函数的定义是_____，ReLU 函数的定义是_____。

二、单选题

1. BP 神经网络中信息传输的两个阶段包括信息的正向传播和（　　）。
   A. 误差的反向传播　　B. 信息的输出
   C. 信息的过滤　　　　D. 误差的过滤

2. 卷积神经网络中，图片的原始像素数据与（　　）进行乘积并求和。
   A. 步长　　　　　　　B. 卷积核
   C. 特征图　　　　　　D. 边界

三、多选题

1. 人工神经网络模型的结构中一般包含的网络层有（　　）。
   A. 隐藏层　　　　　　B. 传输层
   C. 输入层　　　　　　D. 输出层

2. LSTM 模型神经单元包括（　　）。
   A. 遗忘门　　　　　　B. 循环门
   C. 输入门　　　　　　D. 输出门

四、编程题

编程实现使用 30 个神经元完成对手写数字数据集的识别。

Chapter 10

单元10
机器学习建模综合案例

学习情境

在前面的章节中主要学习了机器学习中的回归、分类、聚类、降维、神经网络等算法的原理和应用，在实际问题中，经常需要综合使用这些算法来处理复杂的机器学习问题。本单元将通过几个实际案例来学习这些算法的综合应用方法。

学习目标

◆ 知识目标
  学会分析机器学习的复杂问题并选择不同算法进行处理
◆ 能力目标
  能够综合使用机器学习库中的各种算法和模型来解决实际问题
◆ 职业素养目标
  培养学生对所学知识在实际场景下的综合运用能力

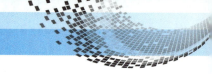

任务 1　泰坦尼克号生还情况预测

任务描述

Kaggle 是一个流行的数据科学竞赛平台，由 Goldbloom 和 Ben Hamner 创建于 2010 年。本任务将使用 Kaggle 网站上的泰坦尼克号生还情况预测项目，来完整介绍机器学习建模实现的流程。本任务是一个二分类问题，要求根据乘客的特征信息完成是否可能存活下来的分析，特别的，要求运用机器学习工具来预测哪些乘客能够幸免于悲剧。

本任务数据集可在 Kaggle 网站下载，界面如图 10-1 所示。

图 10-1　界面图片

本任务将只使用 Kaggle 提供的训练集（代码文件中已经提供），再随机划分为本任务使用的训练集和测试集。

任务目标

◆ 学习对样本数据的异常值、缺失值等进行预处理的方法
◆ 学习对样本特征与标签变量之间的相关性分析的方法
◆ 学习不同机器学习算法的调用和参数调整方法

任务实施

一、实现思路

首先从文件读入并查看数据，通过 DataFrame 的数据统计确定要进行补齐、归一化、数

据清洗等预处理的特征，然后使用相关性分析确定需要删除和保留的特征，最后选择合适的算法模型并通过参数调整来对测试样本进行预测分析。

二、程序代码

1. 数据描述

（1）读取数据

通过 Pandas 的 read_csv() 方法读取训练数据，PassengerId 可以看作数据的 index，接着查看前 5 条数据，结果如图 10-2 所示。

```
#读取本地数据集
data = pd.read_csv('Titanic_train.csv', index_col=0)
#展示
data.head()
```

PassengerId	Survived	Pclass	Name	Sex	Age	SibSp	Parch	Ticket	Fare	Cabin	Embarked
1	0	3	Braund, Mr. Owen Harris	male	22.0	1	0	A/5 21171	7.2500	NaN	S
2	1	1	Cumings, Mrs. John Bradley (Florence Briggs Th...	female	38.0	1	0	PC 17599	71.2833	C85	C
3	1	3	Heikkinen, Miss. Laina	female	26.0	0	0	STON/O2. 3101282	7.9250	NaN	S
4	1	1	Futrelle, Mrs. Jacques Heath (Lily May Peel)	female	35.0	1	0	113803	53.1000	C123	S
5	0	3	Allen, Mr. William Henry	male	35.0	0	0	373450	8.0500	NaN	S

图 10-2　数据展示

这里各项特征的含义见表 10-1。

表 10-1　Titanic 数据的特征含义

特征名称	含义
PassengerId	乘客编号
survived	是否生还，0 表示未生还，1 表示生还
Pclass	船票种类，折射出乘客的社会地位，1 表示上层阶级，2 表示中层阶级，3 表示底层阶级
Name	姓名
Sex	性别，男性为 male，女性为 female

(续)

特征名称	含义
Age	年龄
SibSp	该乘客同船的兄弟姐妹及配偶的数量
Parch	该乘客同船的父母以及儿女的数量
Ticket	船票编号
Fare	买票费用
Cabin	船舱编号
Embarked	在哪里上船，C、Q、S 分别代表 Cherbourg、Queenstown 和 Southampton

（2）数据基本统计

使用 describe() 方法进行数据的基本统计，效果如图 10-3 所示。

```
data.describe(include = 'all')    #统计所有列
```

	Survived	Pclass	Name	Sex	Age	SibSp	Parch	Ticket	Fare	Cabin	Embarked
count	891.000000	891.000000	891	891	714.000000	891.000000	891.000000	891	891.000000	204	889
unique	NaN	NaN	891	2	NaN	NaN	NaN	681	NaN	147	3
top	NaN	NaN	Cleaver, Miss. Alice	male	NaN	NaN	NaN	1601	NaN	C23 C25 C27	S
freq	NaN	NaN	1	577	NaN	NaN	NaN	7	NaN	4	644
mean	0.383838	2.308642	NaN	NaN	29.699118	0.523008	0.381594	NaN	32.204208	NaN	NaN
std	0.486592	0.836071	NaN	NaN	14.526497	1.102743	0.806057	NaN	49.693429	NaN	NaN
min	0.000000	1.000000	NaN	NaN	0.420000	0.000000	0.000000	NaN	0.000000	NaN	NaN
25%	0.000000	2.000000	NaN	NaN	20.125000	0.000000	0.000000	NaN	7.910400	NaN	NaN
50%	0.000000	3.000000	NaN	NaN	28.000000	0.000000	0.000000	NaN	14.454200	NaN	NaN
75%	1.000000	3.000000	NaN	NaN	38.000000	1.000000	0.000000	NaN	31.000000	NaN	NaN
max	1.000000	3.000000	NaN	NaN	80.000000	8.000000	6.000000	NaN	512.329200	NaN	NaN

图 10-3　数据基本统计

可以看出，Age、Cabin、Embarked 这 3 个特征存在缺失值，Fare 明显存在异常值。

2. 数据预处理

数据预处理的结果决定最终的数据训练效果，因此必须谨慎做好每一步预处理工作。

（1）异常值处理

由于 Fare 特征存在异常值，这里分别做出生还和未生还下 Fare 特征的盒图，结果如图 10-4 所示。

```
plt.figure(figsize=(6, 4))                              #指定图大小
plt.subplot(1, 2, 1)                                    #第 1 个子图
plt.boxplot(data.loc[data['Survived'] == 0,'Fare'])     #作图
plt.ylim(0, 520)                                        #显示的 y 值范围
plt.title('unsurvived')
plt.subplot(1, 2, 2)                                    #第 2 个子图
plt.boxplot(data.loc[data['Survived'] == 1,'Fare'])     #作图
plt.ylim(0, 520)                                        #显示的 y 值范围
plt.title('survived')
plt.tight_layout(True)                                  #子图紧挨
plt.show()                                              #显示
```

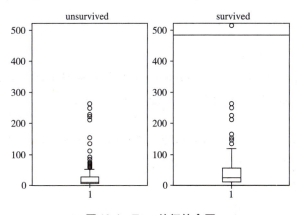

图 10-4 Fare 特征的盒图

将所有 Fare 大于 200 的值设置为 200。

```
data.loc[(data['Fare'] > 200), 'Fare'] = 200
```

（2）缺失值处理

填充 Embarked 的缺失值为众数。

```
data['Embarked'].fillna('S', inplace=True)
```

可以使用年龄的平均数来填充 Age 的缺失值，但是可能不准确。为了更加准确，先从名字中得到称呼，如 Mr、Miss、Mrs 等，接着根据称呼的平均年龄来填充 Age 的缺失值，代码如下。

```
#从名字中得到称呼
def get_call(name):
    name = name.split(',')[1]
    name = name.split('.')[0]
    return name
data['call'] = data['Name'].apply(get_call)
all_call = data['call'].unique()
for c in all_call:  #每一个称呼的平均年龄赋值给缺失值
    data.loc[(data['call'] == c) & (data['Age'].isnull()), 'Age'] = np.mean(data.loc[data['call'] == c, 'Age'])
```

船舱编号缺失量接近80%，这里新增加一个特征标记是否有船舱编号，求出其与生还情况的相关系数，再考虑是否保留这一特征。

```
#增加特征:是否含有船舱编号
data['has_Cabin'] = data['Cabin'].map(lambda x: 1 if isinstance(x, str) else 0)
print(np.corrcoef([data['Survived'], data['has_Cabin']])[0][1])
```

运行上述程序，输出结果为 0.31691152311229565，因此'Survived'与'has_Cabin'特征的相关系数为 0.3169115231122962，可以考虑保留该特征。

（3）标称属性处理

使用 one-hot 编码对标称属性进行处理，这里使用 Pandas 的 get_dummies() 方法对 Sex、Embarked 这两个特征进行 one-hot 编码。

```
age = pd.get_dummies(data['Sex'])        # one - hot 编码
embarked = pd.get_dummies(data['Embarked'])   # one - hot 编码
data = pd.concat([data, age, embarked], axis = 1)   # 3 个 DataFrame 拼接
```

（4）标准化

将买票费用 Fare 进行标准化。

```
from sklearn.preprocessing import StandardScaler
train = np.array(data['Fare']).reshape(-1, 1)
data['Fare'] = StandardScaler().fit_transform(train)
```

(5) 数据相关性

计算数值特征的相关系数，即计算船票种类 Pclass、年龄 Age、同船的兄弟配偶数 SibSp、同船的父母子女数 Parch、买票费用 Fare 和是否生还的相关系数，得到结果如图 10-5 所示。

```
cols = ['Pclass', 'Age', 'SibSp', 'Parch', 'Fare']
for col in cols:    #计算各列相关系数
    print(col, np.corrcoef([data['Survived'], data[col]])[0][1])
```

```
Pclass -0.3384810359610148
Age -0.08913531911633608
SibSp -0.03532249888573564
Parch 0.08162940708348371
Fare 0.28554351687734236
```

图 10-5 相关系数

接下来，作图直观展示各项特征和是否生还的关系。

观察船票类别和是否生还的关系，做出条形图，如图 10-6 所示。

```
pclass = data.groupby(['Pclass', 'Survived'])['Survived'].count()  #分类别统计
pclass = pclass.unstack()    #本来是多层索引,转换为一层索引
pclass.plot(kind = 'bar')    #直接做出条形图
plt.show()
```

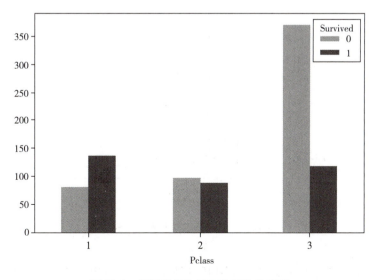

图 10-6 船票类别和是否生还的关系图

可以看出，船票等级越高的乘客，生还概率越大。

同上，观察性别和是否生还的关系，如图10-7所示。可以看出，女性生还率远远高于男性。

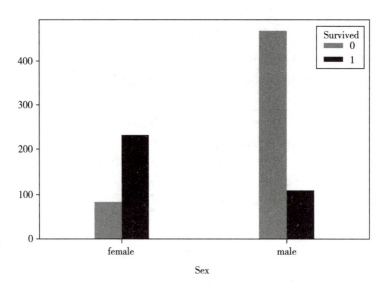

图10-7 性别和是否生还的关系图

观察年龄和是否生还的关系，做出折线图，如图10-8所示。可以看出，小孩生还率较高，30岁左右的人死亡率最高。

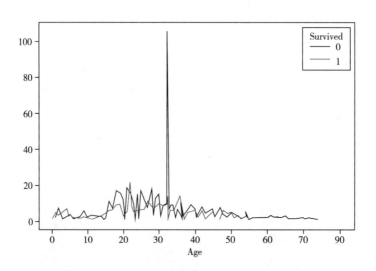

图10-8 年龄和是否生还的关系图

观察登船口和是否生还的关系，如图10-9所示。可以看出，从Cherbourg登船的人生还率最高，从 Southampton 登船的人生还率最低。

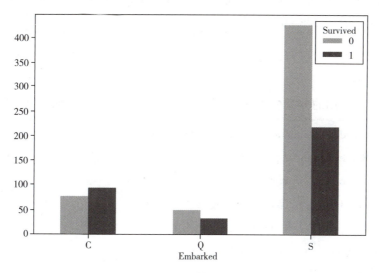

图 10-9　登船口和是否生还的关系图

3. 数据训练和预测

通过上面的分析会发现有些用处不大或者多余的特征列。首先，删除掉无用的特征列并查看数据前 5 行，结果如图 10-10 所示。

```
cols = ['Sex', 'Name', 'SibSp', 'Parch', 'Ticket', 'Cabin', 'call', 'Embarked']
for col in cols:
    del data[col]   #删除无用的特征
data.head()
```

PassengerId	Survived	Pclass	Age	Fare	female	male	C	Q	S	has_Cabin
1	0	3	22.0	-0.598054	0	1	0	0	1	0
2	1	1	38.0	1.054460	1	0	1	0	0	1
3	1	3	26.0	-0.580634	1	0	0	0	1	0
4	1	1	35.0	0.585202	1	0	0	0	1	1
5	0	3	35.0	-0.577408	0	1	0	0	1	0

图 10-10　删除无用特征后的数据展示

接着，为了观察挖掘结果好坏，先使用 train_test_split() 方法来切分数据集，其中，训练集占比为 70%。

```python
from sklearn.model_selection import train_test_split
train_x, test_x, train_y, test_y =  train_test_split(data.iloc[:, 1:], data.iloc[:, 0], random_state=1, train_size=0.7)
```

最后，使用分类模型进行训练和预测。

(1) 使用逻辑回归

使用工业上最常用的分类模型——逻辑回归，代码如下并得到如图 10-11 所示的结果。

```python
from sklearn.linear_model import LogisticRegression
lr = LogisticRegression()    #初始化
lr.fit(train_x, train_y)    #训练
res = lr.predict(train_x)    #查看训练效果
print('训练集:', sum(res == train_y) / len(res))
res1 = lr.predict(test_x)    #预测,并查看效果
print('测试集:', sum(res1 == test_y) / len(res1))
```

```
训练集: 0.8041733547351525
测试集: 0.7947761194029851
```

图 10-11　逻辑回归模型结果

可以发现，训练集和测试集的正确率都不是很高，可能是学习欠拟合，那么先使用多项式，再进行分类。这里设置维度为 3，并且加上惩罚因子 C=0.305，才得到和测试集上同样好的结果。

```python
from sklearn.pipeline import Pipeline
from sklearn.preprocessing import PolynomialFeatures
model = Pipeline([('poly', PolynomialFeatures(degree=3)),
                  ('lr', LogisticRegression(C=0.305))])
model.fit(train_x, train_y)    #训练
res = model.predict(train_x)    #查看训练效果
print('训练集:', sum(res == train_y) / len(res))
res1 = model.predict(test_x)    #预测,并查看效果
print('测试集:', sum(res1 == test_y) / len(res1))
```

```
训练集: 0.85553772070626
测试集: 0.7947761194029851
```

图 10-12　多项式逻辑回归模型结果

反复调参后才得到图 10-12 所示的结果，可见效果并没有提升，那么可能是数据的原因，需要进一步进行数据预处理和提取特征。

（2）使用 SVM

SVM 分类一般可以取得比较好的结果。经过多次调参，设定惩罚因子为 0.5，达到较好的结果，如图 10-13 所示。

```python
from sklearn.svm import SVC
model2 = Pipeline([('std', StandardScaler()),
                   ('svc', SVC(C=0.5))])
model2.fit(train_x, train_y)   #训练
res = model2.predict(train_x)   #查看训练效果
print('训练集:', sum(res == train_y) / len(res))
res2 = model2.predict(test_x)   #预测,并查看效果
print('测试集:', sum(res2 == test_y) / len(res2))
```

```
训练集: 0.8426966292134831
测试集: 0.7611940298507462
```

图 10-13　支持向量机模型结果

（3）使用随机森林

随机森林不容易过拟合，有很好的抗噪声能力。经过多次调参，设定最大深度为 6，叶子结点最少样本个数为 4，得到如图 10-14 所示较好的结果。

```python
from sklearn.ensemble import RandomForestClassifier
rfc = Pipeline([('poly', PolynomialFeatures(degree=3)),
                ('rfc', RandomForestClassifier(n_estimators=100, max_depth=6,
min_samples_leaf=4, random_state=1))])
rfc.fit(train_x, train_y)   #训练
res = rfc.predict(train_x)   #查看训练效果
print('训练集:', sum(res == train_y) / len(res))
res3 = rfc.predict(test_x)   #预测,并查看效果
print('测试集:', sum(res3 == test_y) / len(res3))
```

```
训练集: 0.8924558587479936
测试集: 0.7873134328358209
```

图 10-14　随机森林模型结果

任务 2　共享单车骑行量预测

任务描述

本任务采用的是 Capital Bikeshare（美国华盛顿的一个共享单车公司）提供的共享单车数据。训练数据为 2011 年以及 2012 年每天共享单车骑行数量的统计数据，数据包含每天的日期、天气等信息，任务要求根据已有数据训练模型预测每天的共享单车骑行量。下面使用回归建模方式来模拟该数据集，并了解温度、风和时间等变量是如何影响该地区的自行车租赁需求的。

本任务数据集中包含 3 个文件：

day.csv：按天计的单车共享次数文件，本任务只使用该数据文件。

hour.csv：按小时计的单车共享次数文件，本任务不使用该数据文件。

Readme.txt：数据集说明文件。

任务目标

◆ 学习解决机器学习任务过程中的数据探索、数据预处理、模型训练等过程中的主要方法

任务实施

一、实现思路

首先从 day.csv 数据集文件中读入单车日骑行量的数据，通过 DataFrame 进行统计和数据分析。然后进行数据预处理，包括数据归一化、独热编码（One-Hot Encoding）处理等。接下来通过线性回归模型、岭回归模型、Lasso 模型进行训练和预测。最后通过 MSE、RMSE、R2 等指标进行预测效果的评价。

二、程序代码

1. 数据描述

（1）读取数据

从 day.csv 中读入数据，并显示前 5 行信息，结果如图 10-15 所示。

单元 10
机器学习建模综合案例

```python
# 数据读取及基本处理
import pandas as pd
import numpy as np
# 读入数据
train = pd.read_csv("data/day.csv")
train.head()
```

	instant	dteday	season	yr	mnth	holiday	weekday	workingday	weathersit
0	1	2011-01-01	1	0	1	0	6	0	2
1	2	2011-01-02	1	0	1	0	0	0	2
2	3	2011-01-03	1	0	1	0	1	1	1
3	4	2011-01-04	1	0	1	0	2	1	1
4	5	2011-01-05	1	0	1	0	3	1	1

temp	atemp	hum	windspeed	casual	registered	cnt
0.344167	0.363625	0.805833	0.160446	331	654	985
0.363478	0.353739	0.696087	0.248539	131	670	801
0.196364	0.189405	0.437273	0.248309	120	1229	1349
0.200000	0.212122	0.590435	0.160296	108	1454	1562
0.226957	0.229270	0.436957	0.186900	82	1518	1600

图 10-15　共享单车数据集前 5 行数据

数据集中的特征含义见表 10-2。

表 10-2　共享单车数据集特征描述

特征名称	含义
instant	记录号
dteday	日期
season	季节（1：春天；2：夏天；3：秋天；4：冬天）
yr	年份，（0：2011，1：2012）
mnth	月份（1～12）
holiday	是否是节假日

(续)

特征名称	含义
weekday	星期几，取值为 0~6
workingday	是否为工作日。1=工作日（非周末和节假日），0=周末
weathersit	天气（1：晴天，多云；2：雾天，阴天；3：小雪，小雨；4：大雨，大雪，大雾）
temp	气温摄氏度
atemp	体感温度
hum	湿度
windspeed	风速
casual	非注册用户个数
registered	注册用户个数
cnt	总租车人数，响应变量

可以看到 casual + registered = cnt，使用 DataFrame 的 info 方法再看一下数据的整体结构，如图 10-16 所示。

```
train.info()
```

```
<class 'pandas.core.frame.DataFrame'>
RangeIndex: 731 entries, 0 to 730
Data columns (total 16 columns):
 #   Column      Non-Null Count  Dtype
---  ------      --------------  -----
 0   instant     731 non-null    int64
 1   dteday      731 non-null    object
 2   season      731 non-null    int64
 3   yr          731 non-null    int64
 4   mnth        731 non-null    int64
 5   holiday     731 non-null    int64
 6   weekday     731 non-null    int64
 7   workingday  731 non-null    int64
 8   weathersit  731 non-null    int64
 9   temp        731 non-null    float64
 10  atemp       731 non-null    float64
 11  hum         731 non-null    float64
 12  windspeed   731 non-null    float64
 13  casual      731 non-null    int64
 14  registered  731 non-null    int64
 15  cnt         731 non-null    int64
dtypes: float64(4), int64(11), object(1)
memory usage: 91.5+ KB
```

图 10-16　显示数据整体结构

（2）数据基本统计

使用 describe() 方法进行数据的基本统计，效果如图 10-17 所示。

```
train.describe()
```

	instant	season	yr	mnth	holiday	weekday	workingday	weathersit
count	731.000000	731.000000	731.000000	731.000000	731.000000	731.000000	731.000000	731.000000
mean	366.000000	2.496580	0.500684	6.519836	0.028728	2.997264	0.683995	1.395349
std	211.165812	1.110807	0.500342	3.451913	0.167155	2.004787	0.465233	0.544894
min	1.000000	1.000000	0.000000	1.000000	0.000000	0.000000	0.000000	1.000000
25%	183.500000	2.000000	0.000000	4.000000	0.000000	1.000000	0.000000	1.000000
50%	366.000000	3.000000	1.000000	7.000000	0.000000	3.000000	1.000000	1.000000
75%	548.500000	3.000000	1.000000	10.000000	0.000000	5.000000	1.000000	2.000000
max	731.000000	4.000000	1.000000	12.000000	1.000000	6.000000	1.000000	3.000000

temp	atemp	hum	windspeed	casual	registered	cnt
731.000000	731.000000	731.000000	731.000000	731.000000	731.000000	731.000000
0.495385	0.474354	0.627894	0.190486	848.176471	3656.172367	4504.348837
0.183051	0.162961	0.142429	0.077498	686.622488	1560.256377	1937.211452
0.059130	0.079070	0.000000	0.022392	2.000000	20.000000	22.000000
0.337083	0.337842	0.520000	0.134950	315.500000	2497.000000	3152.000000
0.498333	0.486733	0.626667	0.180975	713.000000	3662.000000	4548.000000
0.655417	0.608602	0.730209	0.233214	1096.000000	4776.500000	5956.000000
0.861667	0.840896	0.972500	0.507463	3410.000000	6946.000000	8714.000000

图 10-17 数据集数据基本统计

根据统计结果可以看到数据没有缺失值和异常值。

（3）特征的相关性

使用 DataFrame.corr() 方法显示各特征之间的相关性。

```
#相关性
train.corr()
```

运行结果如图 10-18 所示。可以看到要预测的 cnt 与 season、mnth、weathersit、temp、atemp 等特征的关系较为紧密，关联度较高。

	instant	season	yr	mnth	holiday	weekday	workingday	weathersit
instant	1.000000	0.412224	0.866025	0.496702	0.016145	-0.000016	-0.004337	-0.021477
season	0.412224	1.000000	-0.001844	0.831440	-0.010537	-0.003080	0.012485	0.019211
yr	0.866025	-0.001844	1.000000	-0.001792	0.007954	-0.005461	-0.002013	-0.048727
mnth	0.496702	0.831440	-0.001792	1.000000	0.019191	0.009509	-0.005901	0.043528
holiday	0.016145	-0.010537	0.007954	0.019191	1.000000	-0.101960	-0.253023	-0.034627
weekday	-0.000016	-0.003080	-0.005461	0.009509	-0.101960	1.000000	0.035790	0.031087
workingday	-0.004337	0.012485	-0.002013	-0.005901	-0.253023	0.035790	1.000000	0.061200
weathersit	-0.021477	0.019211	-0.048727	0.043528	-0.034627	0.031087	0.061200	1.000000
temp	0.150580	0.334315	0.047604	0.220205	-0.028556	-0.000170	0.052660	-0.120602
atemp	0.152638	0.342876	0.046106	0.227459	-0.032507	-0.007537	0.052182	-0.121583
hum	0.016375	0.205445	-0.110651	0.222204	-0.015937	-0.052232	0.024327	0.591045
windspeed	-0.112620	-0.229046	-0.011817	-0.207502	0.006292	0.014282	-0.018796	0.039511
casual	0.275255	0.210399	0.248546	0.123006	0.054274	0.059923	-0.518044	-0.247353
registered	0.659623	0.411623	0.594248	0.293488	-0.108745	0.057367	0.303907	-0.260388
cnt	0.628830	0.406100	0.566710	0.279977	-0.068348	0.067443	0.061156	-0.297391

temp	atemp	hum	windspeed	casual	registered	cnt
0.150580	0.152638	0.016375	-0.112620	0.275255	0.659623	0.628830
0.334315	0.342876	0.205445	-0.229046	0.210399	0.411623	0.406100
0.047604	0.046106	-0.110651	-0.011817	0.248546	0.594248	0.566710
0.220205	0.227459	0.222204	-0.207502	0.123006	0.293488	0.279977
-0.028556	-0.032507	-0.015937	0.006292	0.054274	-0.108745	-0.068348
-0.000170	-0.007537	-0.052232	0.014282	0.059923	0.057367	0.067443
0.052660	0.052182	0.024327	-0.018796	-0.518044	0.303907	0.061156
-0.120602	-0.121583	0.591045	0.039511	-0.247353	-0.260388	-0.297391
1.000000	0.991702	0.126963	-0.157944	0.543285	0.540012	0.627494
0.991702	1.000000	0.139988	-0.183643	0.543864	0.544192	0.631066
0.126963	0.139988	1.000000	-0.248489	-0.077008	-0.091089	-0.100659
-0.157944	-0.183643	-0.248489	1.000000	-0.167613	-0.217449	-0.234545
0.543285	0.543864	-0.077008	-0.167613	1.000000	0.395282	0.672804
0.540012	0.544192	-0.091089	-0.217449	0.395282	1.000000	0.945517
0.627494	0.631066	-0.100659	-0.234545	0.672804	0.945517	1.000000

图 10-18　数据集各特征之间的相关系数

下面分别来看一下骑行量与月份、天气、节假日、气温等特征的关系图。

```
#月份与骑车数量的关系
train.groupby('mnth')['cnt'].sum().plot(kind='bar')
#天气与骑车数量的关系
train.groupby('weathersit')['cnt'].sum().plot(kind='bar')
#节假日与骑车数量的关系
train.groupby('holiday')['cnt'].sum().plot(kind='bar')
#气温与骑车数量的关系
cut_bins = pd.cut(train['temp'], 10)
train['cnt'].groupby(cut_bins).sum().plot(kind='bar')
```

运行结果如图 10-19 所示。可以看出 5~10 月份的骑行量明显高于其他月份，晴天时的骑行量明显高于其他天气，非节假日的骑行量远高于非节假日，气温较高时的骑行量也高。

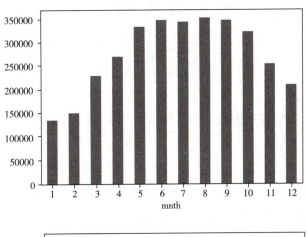

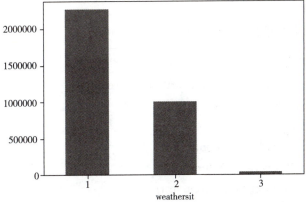

图 10-19　不同月份、天气、节假日、气温下的骑行量柱状图

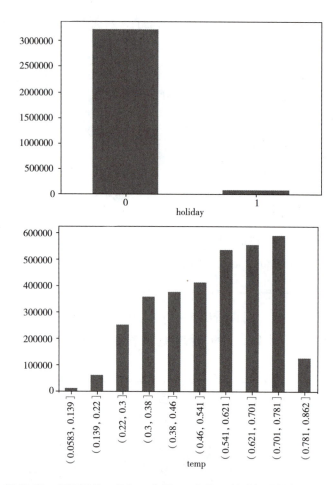

图10-19 不同月份、天气、节假日、气温下的骑行量柱状图（续）

2. 数据预处理

该数据集中的数据可以分为两类，一类是类别型数据，另一类是数值型数据，也就是连续数据和离散型数据，这两种数据需要分开处理。

（1）类别型数据

对于类别型数据需要进行独热编码处理。

```
#类别型数据预处理
categorical_features = ['season','mnth','weathersit','weekday']
#数据类型变为 object，才能被 get_dummies 处理
for col in categorical_features:
    train[col] = train[col].astype('object')
X_train_cat = train[categorical_features]
X_train_cat = pd.get_dummies(X_train_cat)
print(X_train_cat).head()
```

运行结果如图 10-20 所示。

	season_1	season_2	season_3	season_4	mnth_1	mnth_2	mnth_3	mnth_4	mnth_5
0	1	0	0	0	1	0	0	0	0
1	1	0	0	0	1	0	0	0	0
2	1	0	0	0	1	0	0	0	0
3	1	0	0	0	1	0	0	0	0
4	1	0	0	0	1	0	0	0	0

	weekday_0	weekday_1	weekday_2	weekday_3	weekday_4	weekday_5	weekday_6
0	0	0	0	0	0	0	1
1	1	0	0	0	0	0	0
2	0	1	0	0	0	0	0
3	0	0	1	0	0	0	0
4	0	0	0	1	0	0	0

图 10-20 类别型数据预处理

(2) 数值型数据

对于数值型数据需要进行归一化处理。

```
#数值型数据预处理
from sklearn.preprocessing import MinMaxScaler
mn_X = MinMaxScaler()
numerical_features = ['temp','atemp','hum','windspeed']
temp = mn_X.fit_transform(train[numerical_features])
X_train_num = pd.DataFrame(data = temp, columns = numerical_features, index = train.index)
X_train_num.head()
```

运行结果如图 10-21 所示。

	temp	atemp	hum	windspeed
0	0.355170	0.373517	0.828620	0.284606
1	0.379232	0.360541	0.715771	0.466215
2	0.171000	0.144830	0.449638	0.465740
3	0.175530	0.174649	0.607131	0.284297
4	0.209120	0.197158	0.449313	0.339143

图 10-21 数值型数据预处理

(3) 合并数据

对于以上两种数据需要进行合并。

```
X_train = pd. concat([X_train_cat, X_train_num, train['holiday'],    train['workingday']],
axis = 1, ignore_index = False)
# 合并数据
data = pd. concat([train['instant'], X_train,    train['yr'],train['cnt']], axis = 1)
```

3. 训练模型和预测

去掉不相关的特征数据后,将样本数据集分割为训练集、测试集。

```
#训练模型
import pandas as pd
import numpy as np
from sklearn. model_selection import train_test_split
import os
data = data. drop(['instant','hum','windspeed'], axis = 1)        #去掉编号、湿度、风速等
                                                                  不相关数据
y_data = data['cnt']
x_data = data. drop('cnt', axis = 1)
y_data = np. array(y_data)
x_data = np. array(x_data)
name_data   = list(data. columns)                                 #返回对象列索引
#对导入的数据集进行分割
X_train,X_test,y_train,y_test = train_test_split(x_data,y_data,random_state = 0,test_size
 = 0. 20)#分割数据,20%用于测试,80%用于训练
```

然后分别使用最小二乘线性回归模型、岭回归模型、Lasso 模型训练数据集,并使用 MSE、RMSE、R2 评价模型。

(1) 使用线性回归

使用线性回归模型进行预测,运行结果如图 10-22 所示。

```
from sklearn. linear_model import LinearRegression
from sklearn. metrics import r2_score#R square
from sklearn. metrics import mean_squared_error #均方误差
```

```
from sklearn.metrics import mean_absolute_error  #平方绝对误差
lrg = LinearRegression()  #最小二乘线性回归模型
#使用训练数据进行参数估计
lrg.fit(X_train,y_train)  #训练模型
#R2 评价指标
y_train_predict = lrg.predict(X_train)
y_test_predict = lrg.predict(X_test)
print("训练集 R2:",r2_score(y_train, y_train_predict),"测试集 R2:",r2_score(y_test, y_test_predict))
#MSE 评价指标
print("训练集 MSE:",mean_squared_error(y_train,y_train_predict),"测试集 MSE:",mean_squared_error(y_test,y_test_predict))
#MAE 评价指标
print("训练集 MAE:",mean_absolute_error(y_train,y_train_predict),"测试集 MAE:",mean_absolute_error(y_test,y_test_predict))
```

```
训练集R2: 0.827519291610386  测试集R2: 0.8549499450892702
训练集MSE: 624381.6279965753  测试集MSE: 616918.6003401361
训练集MAE: 577.1892123287671  测试集MAE: 587.5
```

图 10-22　线性回归模型预测结果

（2）使用岭回归

使用岭回归模型进行预测，执行结果如图 10-23 所示。

```
from sklearn.linear_model import Ridge
ridge = Ridge()  #岭回归模型
#使用训练数据进行参数估计
ridge.fit(X_train,y_train)  #训练模型
#R2 评价指标
y_train_predict = ridge.predict(X_train)
y_test_predict = ridge.predict(X_test)
print("训练集 R2:",r2_score(y_train, y_train_predict),"测试集 R2:",r2_score(y_test, y_test_predict))
#MSE 评价指标
print("训练集 MSE:",mean_squared_error(y_train,y_train_predict),"测试集 MSE:",mean_squared_error(y_test,y_test_predict))
```

```
#MAE 评价指标
print("训练集 MAE:",mean_absolute_error(y_train,y_train_predict),"测试集 MAE:",mean_absolute_error(y_test,y_test_predict))
```

```
训练集R2: 0.8272395785580456  测试集R2: 0.8546366847253671
训练集MSE: 625394.1916196191  测试集MSE: 618250.9414092937
训练集MAE: 576.0594533540501  测试集MAE: 589.2949841711448
```

图 10-23　岭回归模型预测结果

（3）使用 Lasso 回归

使用 Lasso 回归模型进行预测，执行结果如图 10-24 所示。

```
from sklearn.linear_model import Lasso
import matplotlib.pyplot as plt
lasso = Lasso()#Lasso 模型
#使用训练数据进行参数估计
lasso.fit(X_train,y_train) #训练模型
#R2 评价指标
y_train_predict = lasso.predict(X_train)
y_test_predict = lasso.predict(X_test)
print("训练集 R2:",r2_score(y_train, y_train_predict),"测试集 R2:",r2_score(y_test, y_test_predict))
#MSE 评价指标
print("训练集 MSE:",mean_squared_error(y_train,y_train_predict),"测试集 MSE:",mean_squared_error(y_test,y_test_predict))
#MAE 评价指标
print("训练集 MAE:",mean_absolute_error(y_train,y_train_predict),"测试集 MAE:",mean_absolute_error(y_test,y_test_predict))
```

```
训练集R2: 0.8273819786550799  测试集R2: 0.8538147367199781
训练集MSE: 624878.702059985  测试集MSE: 621746.8036719493
训练集MAE: 577.9483047327623  测试集MAE: 590.9812536346216
```

图 10-24　Lasso 回归模型预测结果

根据以上模型评价参数发现，各回归模型的差异不大，均能达到 85% 左右的准确率，

模型已经可以用于预测。

单元总结

本单元通过泰坦尼克号乘客生还、共享单车骑行量预测案例回顾了机器学习建模过程中的主要环节,包括数据获取、特征工程、模型训练和模型验证等,并针对每个案例综合运用了数据获取、数据预处理、特征工程、模型训练、算法选择和参数优化等方法。

单元评价

请根据任务完成情况填写表10-3的掌握情况评价表。

表10-3　单元学习内容掌握情况评价表

评价项目	评价标准	分值	学生自评	教师评价
模型数据分析	能够掌握机器学习问题处理过程中的数据获取、预处理、特征工程等方法	20		
数据可视化	能够掌握模型数据可视化分析的方法	20		
模型选择	能够针对不同类型的问题选择合适的算法模型	20		
模型调整和优化	能够根据模型训练和预测结果对模型参数进行调整和优化	20		
预测结果分析	能够对模型预测结果进行分析,并给出合理解释	20		

单元习题

简答题

1. 简述在泰坦尼克号乘客生还案例中对数据进行了哪些预处理。
2. 在泰坦尼克号乘客生还案例中,通过数据相关性分析,预处理时删除了哪些无用的特征?
3. 简述在共享单车骑行量预测案例中对数据进行了哪些预处理。

参考文献

［1］ALPAYDIN E. 机器学习导论［M］. 范明，译. 北京：机械工业出版社，2014.
［2］BONACCORSO G. 机器学习算法［M］. 罗娜，汪文发，译. 北京：机械工业出版社，2018.
［3］雷明. 机器学习：原理、算法与应用［M］. 北京：清华大学出版社，2019.